Waldir Renato Paradella
José Claudio Mura
Fabio Furlan Gama

monitoramento DInSAR para Mineração e Geotecnia

A tecnologia DInSAR orbital na mineração e geotecnia: monitorando do espaço deformações na superfície

Copyright © 2021 Oficina de Textos

Grafia atualizada conforme o Acordo Ortográfico da Língua Portuguesa de 1990, em vigor no Brasil desde 2009.

Conselho editorial Arthur Pinto Chaves; Cylon Gonçalves da Silva; Doris C. C. K. Kowaltowski; José Galizia Tundisi; Luis Enrique Sánchez; Paulo Helene; Rozely Ferreira dos Santos; Teresa Gallotti Florenzano

Capa e projeto gráfico Malu Vallim
Diagramação Victor Azevedo
Preparação de figuras Maria Clara
Preparação de textos Hélio Hideki Iraha
Revisão de textos Ana Paula Ribeiro
Impressão e acabamento Rettec artes gráficas e editora

Dados Internacionais de Catalogação na Publicação (CIP)
(Câmara Brasileira do Livro, SP, Brasil)

Mura, José Claudio
  Monitoramento DInSar para mineração e geotecnia : a tecnologia DInSar orbital na mineração e geotecnia : monitoramento do espaço deformações na superfície / José Claudio Mura, Fabio Funlan Gama, Waldir Renato Paradella. -- 1. ed. -- São Paulo : Oficina de Textos, 2021.

Bibliografia
ISBN 978-65-86235-19-7

1. Geotecnia 2. Geotecnia - Especificações - Manual 3. Geotecnologia 4. Mineração 5. Tecnologia I. Gama, Fabio Funlan. II. Paradella, Waldir Renato. III. Título.

21-62340   CDD-624.15

Índices para catálogo sistemático:
1. Geotecnia ambiental : Tecnologia 624.15

Aline Graziele Benitez - Bibliotecária - CRB-1/3129

Todos os direitos reservados à **Editora Oficina de Textos**
Rua Cubatão, 798
CEP 04013-003 São Paulo SP
tel. (11) 3085-7933
www.ofitexto.com.br
atend@ofitexto.com.br

Prefácio

Os autores desta obra têm desenvolvido pesquisa com Synthetic Aperture Radar (SAR) desde o início da década de 1990, quando o primeiro autor esteve envolvido com dois grandes programas no Canada Centre for Remote Sensing (CCRS), em Ottawa (Canadá): o SAREX 92 (South American Radar Experiment), que correspondeu a uma campanha de aquisição de mais de 6.000 km lineares de dados aeroportados em banda C na Amazônia, com o uso da aeronave do governo canadense Convair 580 na simulação, para pesquisa das missões orbitais ERS-1 e RADARSAT-1; e o programa GlobeSAR-2, iniciativa de pesquisa científica e formação de recursos humanos com dados RADARSAT-1, desenvolvido entre o Brasil e o Canadá no final da década de 1990. Foi através da base em SAR propiciada por esses dois grandes programas que o entusiasmo com o uso da tecnologia teve início e surgiu a intenção em redigir um livro-texto sobre o assunto.

Nos anos de 1992 e 1993, o segundo autor esteve envolvido no desenvolvimento dos primeiros algoritmos de interferometria SAR na Agência Espacial da Alemanha (DLR), além do desenvolvimento de um processador SAR para a geração de imagens orbitais do satélite ERS-1. Já no início dos anos 2000, participou do desenvolvimento da estação de processamento SAR interferométrica do sensor aerotransportado OrbiSAR-1.

Em 1998, o segundo e o terceiro autores coordenaram um projeto de mapeamento planialtimétrico no Nordeste do Brasil, empregando uma nova tecnologia de mapeamento que utilizava um radar interferométrico aerotransportado (AES-1, banda X), que permitiu gerar mapas topográficos da região que serviram de material básico para o planejamento das obras de construção dos canais da transposição do rio São Francisco. No ano 2000, os mesmos autores coordenaram um projeto em parceria com a Diretoria de Serviço Geográfico (DSG) do Exército, em que foi realizado um teste de mapeamento planialtimétrico na Amazônia utilizando um novo radar interferométrico aerotransportado operando na banda P (AES-2), de alta penetração na vegetação. Esses resultados indicaram a viabilidade de execução do projeto de mapeamento Radiografia da Amazônia.

A fase seguinte nessa evolução esteve ligada à interação dos autores com cientistas e especialistas da Agência Espacial da Alemanha (DLR), no período de 2001 a 2009, dentro do contexto de desenvolver em conjunto, numa parceria Brasil-Alemanha, um SAR leve (*Light* SAR), em banda L, para uso prioritário de recobrimento na Amazônia (MAPSAR). A compreensão de aspectos diversificados ligados ao sensor, ao cálculo de órbita, à integração com plataforma de serviços etc. ampliou o conhecimento prévio. Um dos marcos dessa fase foi a campanha de simulação do MAPSAR com a utilização de dados adquiridos em banda L do sistema aeroportado da Força Aérea Brasileira (FAB), o SAR-R99B, com um total de 160 h de sobrevoos realizados em 2005 na Amazônia e na Bahia. Toda a simulação foi desenvolvida no Instituto Nacional de Pesquisas Espaciais (INPE) com a participação relevante dos autores deste livro.

A última e mais definitiva fase esteve ligada a um projeto temático desenvolvido no INPE na década passada, com recursos da Fundação de Amparo à Pesquisa do Estado de São Paulo (Fapesp) e da mineradora Vale. Esse projeto enfocou a primeira avaliação da tecnologia *Differential Interferometric SAR* (DInSAR) e suas variantes, como a *Advanced-DInSAR* (A-DInSAR) e a *Speckle Trecking*, no monitoramento das principais estruturas (cavas de exploração, pilhas de estéril, barragem hídrica etc.) das minas a céu aberto de ferro e manganês no Complexo Minerador de Carajás (PA). Ter tido a oportunidade de interagir na pesquisa com os cientistas Drs. Alessandro Ferretti (TRE-ALTAMIRA) e Charles Werner (Gamma Remote Sensing) foi inestimável. Devemos muito de nossa atual formação a esses dois notáveis cientistas e aos colegas que compõem as equipes técnicas da TRE-ALTAMIRA (Milão, Itália) e da Gamma Remote Sensing (Gumligen, Suíça).

Nesse sentido, tentamos produzir uma obra a mais atualizada possível com exemplos de nossos "alvos" na mineração, cobrindo ainda uma introdução em SAR que julgamos fundamental para a melhor compreensão da tecnologia DInSAR. Esperamos que os leitores sejam convencidos a explorar mais a utilização das imagens SAR, que ainda carece de maior aplicação no país, mesmo na comunidade científica. Mais cedo ou mais tarde, os leitores serão confrontados com essa tecnologia, que, na distância de dezenas de quilômetros no espaço, possibilita medidas de deformação de alvos no terreno com acurácia e precisão elevadas.

Sumário

Introdução – 7

1   Contexto e motivação – 11

2   Fundamentos do radar imageador – 19
    2.1   Por que usar radar imageador? – 19
    2.2   O início de tudo: as ondas eletromagnéticas – 23
    2.3   O que é uma imagem SAR? – 26
    2.4   Medidas do retroespalhamento de radar – 34
    2.5   Distorções geométricas e macrotopografia – 36
    2.6   Microtopografia – 40
    2.7   Características elétricas dos materiais – 43
    2.8   Representação dos dados e ruído speckle – 45

3   Histórico de radar e sistemas atuais – 47
    3.1   Sistemas PPI, RAR e SAR aeroportados – 47
    3.2   Missões SAR de recobrimentos não sistemáticos – 52
    3.3   Missões SAR de recobrimentos sistemáticos – 54

4   Utilizando a fase e a amplitude em medidas de deformação – 60
    4.1   Explorando a fase: a interferometria (InSAR) – 60
    4.2   Explorando o atributo da amplitude em medidas de deformação – 85
    4.3   O uso complementar das informações de fase e amplitude – 90

5   Aplicações na mineração – 94
    5.1   Monitorando taludes de cavas e de pilhas de estéril – 94
    5.2   Monitorando barragens de rejeitos – 136

6   Considerações finais – 147

    Referências bibliográficas – 149

Introdução

As duas últimas décadas têm sido marcadas pelo aumento quase exponencial de missões espaciais com radares imageadores de abertura sintética ou SAR (*Synthetic Aperture Radar*). Inicialmente foram lançados sistemas de grandes dimensões, com plataformas adequadas para prover massa, volume, potência e requisitos de taxa de dados elevada, conforme a tecnologia disponível. Essa tendência implicou lançadores muito potentes, custos elevados e tecnologia restrita a poucos países ou agências. Os desenvolvimentos recentes resultaram em redução em tamanho, volume de unidades de potência, componentes eletrônicos e dimensões e peso das antenas. Como consequência, houve uma mudança de paradigma, com o advento de satélites menores e mais leves, lançadores menos potentes e missões mais baratas. Da mesma forma, os primeiros sistemas orbitais enfocavam o uso da amplitude do sinal retroespalhado em aplicações, merecendo destaque a Radargrametria (geração de modelos digitais do terreno pela estereoscopia SAR). Com o desenvolvimento tecnológico, foram propostas novas abordagens que exploram a polarização do sinal retroespalhado, caso da Polarimetria, e a amplitude e a fase com a Interferometria, que é o principal foco deste texto.

O objetivo desta obra é demonstrar que o uso de dados orbitais SAR, através da combinação de várias técnicas, é uma alternativa com maturidade para uso operacional nos diversos segmentos da indústria mineral. Isso abrange tanto as mineradoras, no monitoramento de deformações na superfície de "alvos" nas suas frentes de exploração (cavas de explotação, pilhas de estéril, barragens de rejeitos, infraestrutura geral e seus ativos), quanto o poder público do Estado, responsável pela outorga de direitos minerários, fiscalização das atividades de mineração e aplicações de sanções, incluindo os passivos minerais (por exemplo, barragens de rejeitos classificadas como descomissionadas). Este livro foi preparado para interessados no assunto com pouco ou nenhum conhecimento em SAR, mas que desejam entender melhor a tecnologia e sua aplicação em mineração ou em outras áreas envolvendo monitoramento de movimentos no terreno. Portanto, é o momento adequado para tratar dessa inovação espacial, que permite medidas de deslocamentos, em escalas milimétricas-centimétricas a métricas da superfície, através de radares imageadores operando em órbitas a centenas de quilômetros de distância.

O livro está estruturado em seis capítulos. Neste início, examina o contexto da obra e a relevância do uso da tecnologia espacial, componente importante na detecção de mudanças no planeta. Dados de deformação de superfície obtidos por satélites SAR com atributos de alta qualidade (imageamentos sistemáticos e calibrados no tempo, com versatilidade de cobertura e com rapidez no acesso, fundamental para monitorar fenômenos recentes) permitem derivar informação quantitativa de grande acurácia e custo reduzido com o uso de algoritmos robustos na geração final de conhecimento. A importância econômica da mineração para o país e o impacto de suas atividades no ambiente à luz das tragédias de Mariana e Brumadinho justificam a motivação da obra.

O Cap. 2 cobre os fundamentos do radar imageador, um histórico da longa jornada evolutiva de uso das micro-ondas e sua interação com alvos no monitoramento de mudanças na superfície, finalizando com detalhes das características de imagens SAR.

No Cap. 3 é apresentado um panorama geral dos sistemas de radar imageador, englobando um histórico que vai de sistemas aeroportados e sistemas orbitais de recobrimentos não sistemáticos até os modernos SAR em operação. Imagens de satélite são hoje parte da vida cotidiana. No caso de monitoramento de deformação pela DInSAR e por sua versão avançada A-DInSAR, a disponibilidade de dados nem sempre assegura o acesso para uso. Com exceção da missão Sentinel-1, da Agência Espacial Europeia (ESA), a grande maioria dos sistemas SAR operando no presente é comercial. Esse cenário coloca ainda limites ao maior uso da tecnologia e reforça o ímpeto para o desenvolvimento de um SAR no nosso programa espacial.

O Cap. 4 cobre a essência da tecnologia de uso de SAR orbital no monitoramento de deformação, com as abordagens que exploram a informação contida nos atributos da fase do sinal retroespalhado, através das técnicas DInSAR (diferença de interferogramas de pares de imagens) e A-DInSAR (múltiplos interferogramas em série temporal, com as abordagens IPTA, SBAS e SqueeSAR™), e da amplitude (abordagens *Speckle Tracking* e *Intensity Tracking*). Optou-se pela formulação matemática a mais sucinta possível das diferentes técnicas, como meio de esclarecer os conceitos e as variáveis.

Uma série de publicações específicas é referenciada no capítulo, de forma a auxiliar o interessado na melhor compreensão do contexto de desenvolvimento e fundamentação dessas técnicas, e recomendamos ao leitor o acesso a essa literatura específica.

O Cap. 5 enfoca exemplos reais da aplicação das várias técnicas no monitoramento de deformação de superfície de estruturas mineiras do Complexo Minerador de Ferro de Carajás (PA) e em barragem de rejeitos em Brumadinho (MG). Esses resultados de pesquisa conduzida pelos autores, com a participação de seus ex-alunos no

Programa de Pós-Graduação em Sensoriamento Remoto do INPE (PG-SER), sinalizam a importância do domínio da tecnologia e da formação de massa crítica especializada no país, que foi particularmente intensa na última década e que não pode ser descontinuada. Sem geração de conhecimento e formação de pessoal qualificado no país, diminui a perspectiva de sucesso na absorção dessa tecnologia de ponta.

O Cap. 6 fornece uma revisão final e aborda perspectivas à luz dos progressos alcançados nos exemplos reais de aplicação descritos no livro e de avanços reportados na literatura. Tudo foi feito para tornar o texto o mais atualizado possível. Todavia, apesar do esforço dos autores em enfocar o que de mais relevante existia nesse assunto na época de produção da obra, é inevitável que, por ser a área de tecnologia espacial de rápido desenvolvimento, algumas técnicas aqui descritas já possam estar se tornando obsoletas. Isso é esperado devido à acumulação de grande volume de dados orbitais SAR através do tempo, pelo aumento do número de satélites, eficiência no acesso aos dados e avanços técnicos em maior capacidade em *hardware* e *software* de processamento. O uso de dados SAR orbitais no monitoramento de deformações de largas áreas como componente do chamado Big Data for Earth Observation está se tornando cada vez mais comum, bem como o emprego de novas abordagens com o uso de inteligência artificial, redes neurais, mineração de dados, aprendizado de máquinas etc. De qualquer forma, a fundamentação teórica permanece e a tomada de decisão a partir de resultados da tecnologia ainda é dependente da interpretação humana.

Os autores agradecem a muitas pessoas e organizações pela contribuição na preparação do livro. Um agradecimento inicial ao ex-colega do INPE Dr. Athos Ribeiro dos Santos e aos nossos ex-alunos de Mestrado e Doutorado na PG-SER, que partilharam de ideias, discussões e auxílios tanto nas pesquisas no INPE em São José dos Campos quanto nos trabalhos de campo na Amazônia (Cleber Gonzales de Oliveira, Arnaldo de Queiroz da Silva, Marcos Eduardo Hartwig, Thiago Gonçalves Rodrigues, Felipe Altoé Temporim, Carolina de Athayde Pinto, Heloísa da Silva Victorino e Guilherme Gregório da Silva, que também foi responsável pelas artes gráficas). Esta obra não teria sido realizada sem os recursos do Conselho Nacional de Desenvolvimento Científico e Tecnológico (CNPq), especialmente pelas bolsas de Produtividade em Pesquisa do primeiro autor (PQ-1A Processo 304825/2014-0, PQ-Sênior Processo 304091/2019-7), e do projeto temático da Fapesp-Vale (Processo 2010/51267-9). Sem os recursos dessas fontes, não teria sido viabilizado o suporte para que a investigação pioneira de uso da tecnologia A-DInSAR com dados TerraSAR-X fosse realizada nas minas de ferro e manganês em Carajás. Devemos deixar realçado o reconhecimento à Visiona Tecnologia Espacial, em especial aos Drs. João Paulo Rodrigues Campos e Cleber Gonzales de Oliveira, pelo patrocínio à publicação deste livro. A nossa *alma mater* é o INPE, instituição a que dedicamos nossas carreiras desde o egresso da graduação e que tem sido referência mundial em pesquisa, geração de conhecimento e formação de recursos humanos na área espacial, concentrando a massa crítica em aplicação de SAR no país. Um agradecimento especial às nossas esposas e filhas pelo estímulo contínuo à realização deste texto. Esperamos que os leitores partilhem do nosso entusiasmo com o tema SAR e se sintam estimulados a usar essa inovação tecnológica não somente na mineração, mas também nas várias áreas de aplicações geoambientais.

1
Contexto e motivação

A geologia do Brasil exibe ambientes favoráveis de diversificada metalogenia, em todo o tempo geológico, do Arqueano ao Holoceno, com vastas áreas do território nacional com potencial elevado em recursos minerais. Entretanto, recursos minerais não significam necessariamente riquezas de um país. Há que se ter tecnologia, capital e mercado para que o recurso mineral possa ser explorado e se transforme em riqueza. Nossa característica geológica, baseada em amplos estudos antigos, é similar à de outros países com áreas continentais, como a Austrália e o Canadá. Essas nações, todavia, transformaram seu potencial em riqueza nacional, particularmente em metais preciosos (ouro, prata) e metais-base (cobre, zinco, chumbo, níquel), que constituem as principais *commodities* minerais mundiais, o que não ocorreu com o Brasil. O país, até o presente, teve o desenvolvimento de seu potencial restrito, essencialmente, ao ferro, manganês, alumínio, estanho e nióbio (Marini, 2016).

É importante ressaltar a relevância da indústria mineral na economia nacional. Em 2018, a balança comercial brasileira registrou *superavit* de US$ 58,3 bilhões. As exportações somaram US$ 239,8 bilhões, com alta de 9,3% em relação a 2017. As *commodities* minerais representaram 9,8% do PIB, com *superavit* comercial de US$ 23,6 bilhões, sendo o minério de ferro responsável por 85% desse total exportado. Petróleo e gás natural contribuíram com US$ 25,13 bilhões (10,4%), e agricultura e pecuária, com US$ 45,8 bilhões (19%), sendo que só a soja representou US$ 33,1 bilhões das *commodities* agrícolas exportadas, o que correspondeu a 13,8% do total das exportações. É importante observar que, excluindo os produtos semimanufaturados, as exportações de produtos básicos corresponderam a US$ 118,9 bilhões (49,6%), e de produtos manufaturados, a US$ 86,6 bilhões (36%), segundo dados de janeiro de 2019 do Ministério da Economia (Brasil, 2019a).

Tem sido muito comum análises simplistas atribuírem à mineração uma atividade industrial de baixa tecnologia agregada, sem a devida compreensão de que os produtos da indústria extrativa mineral, como também em geral ocorre com os produtos da agricultura, podem ser fabricados com tecnologia rudimentar ou através de processos de alta tecnologia. A pesquisa mineral é, no geral, de natureza arriscada, de grandes investimentos, de longo prazo de maturação de empreendimento e de remuneração incerta. Nesse sentido, tem sido exemplificada a disparidade de quando se compara o valor de uma *commodity* mineral, como o minério de ferro, com o de um produto manufaturado moderno, como um *tablet*. Uma análise mais profunda permite outras conclusões. Comparando-se, em 2013, 1 t de minério de ferro em torno de US$ 150 com um iPad pesando 600 g no valor de US$ 399, 1 t de iPad valeria US$ 665 mil. Como consequência, precisaríamos exportar 4.430 t de minério de ferro para importar 1 t de iPad. Assim, seria melhor incentivar no país a geração de produtos de maior valor agregado. Todavia, a geração de valor de uma atividade produtiva não necessariamente tem a ver com o preço por tonelada do produto vendido. O que conta é o valor da transformação industrial, que é a diferença entre as vendas do produto acabado e o custo das matérias-primas e operações ligadas. Dividindo-se esse valor pelo total de pessoas empregadas no setor, temos uma medida da produtividade do trabalho. O valor médio adicionado por empregado na extração do minério de ferro no período de 1996 a 2009 foi de 28,3%, superior ao da fabricação de aços planos e 112% maior que nos equipamentos de informática (Lazzarini; Jank; Inoue, 2013). Em síntese: computador vale muito mais por tonelada, mas adiciona muito menos por trabalhador. Obrigar empresas a "agregar valor" investindo em siderurgia ou subsidiar a fabricação de iPad no Brasil pode, paradoxalmente, "destruir valor". "Agregar valor" pode significar adição de custos, e não de lucros. Assim, a evidência empírica para o Brasil não confirma a afirmação de que os produtos manufaturados possuiriam maior valor adicionado que as *commodities* minerais ou agrícolas. Muitos países podem estabelecer uma planta siderúrgica, mas poucos têm minério de qualidade ou condições de solo e clima favoráveis à agricultura. Enquanto a China tem indústrias intensivas em trabalho, o Brasil tem terras e recursos minerais associados a tecnologias avançadas de extração e produção de *commodities* agrícolas e minerais.

A produção mineral que sustenta a civilização e possibilita seu desenvolvimento não é vista como a fonte de insumos que nos permitem viver. No entanto, tudo o que é produzido e usado na vida moderna é derivado em grande parte da mineração ou tem insumos derivados em sua produção. Não se considera que, para utilizar energia elétrica, são necessários filamentos de cobre envoltos em plásticos de segurança, torres de aço com cabos de alumínio etc. As construções requerem vergalhões de ferro, cimento, tijolos, vidros, tinta e pigmentos, todos ligados à indústria extrativa mineral. O transporte em suas várias formas implica o uso de aço, alumínio, plástico e combustíveis, e a química fina para medicamentos e cosméticos depende de petróleo e derivados. Enfim, montamos uma civilização em que os insumos minerais são imprescindíveis (Forman et al., 2016).

Os depósitos minerais são concentrações anômalas de elementos químicos na forma de minerais na crosta terrestre, gerados por processos geológicos diversos, tais como vulcanismo, circulação de fluidos aquecidos, intemperismo, erosão e redeposição de materiais em rios e praias. Um recurso mineral torna-se um minério lavrável quando pode economicamente ser aproveitado. Somente com a instalação de uma mina haverá retorno econômico e social para uma nação. Contudo, a busca de depósitos minerais é uma atividade econômica de risco, uma vez que, em média, de mil indícios de mineralização, apenas um resulta em uma mina. Desde a fase inicial de pesquisa e exploração mineral até a instalação de uma lavra na explotação, comumente são necessários de 8 a 15 anos de gastos em pesquisa, que se tornam cada vez maiores no desenvolvimento da mina. Cabe salientar que a mineração gera renda por hectare muito maior do que a agricultura e a pecuária (Cordani; Juliani, 2019).

A produção de insumos minerais tem aumentado continuamente com o crescimento populacional do planeta. Segundo estimativas de Skinner (1989), há cerca de três décadas o consumo de insumos minerais implicava quantidades anuais *per capita* da ordem de 12 t a 15 t, ou cerca de 50 bilhões de toneladas globalmente. Com o crescimento da população mundial, que atualmente soma mais de 7,5 bilhões de habitantes no planeta, a demanda por recursos minerais será também de proporção crescente. Por sua vez, minerais como níquel, lítio, cobalto e terras-raras são elementos estruturantes das novas tecnologias, tornando-se insumos essenciais para a construção de uma sociedade global mais sustentável.

Uma comparação com a Austrália e o Canadá indica que o Brasil tem área territorial e características geológicas similares a esses dois gigantes mundiais em mineração. Todavia, enquanto Austrália e Canadá investiram em 2012 valores correspondentes a 14% e 17% de todo o investimento global (US$ 21 bilhões) na exploração mineral de metais-base, preciosos e diamante, o Brasil investiu apenas 3% (US$ 645 milhões). É necessário investir mais, particularmente na busca de bens minerais que são insumos para o setor agropecuário, que depende muito da importação de nitrogênio, fosfato e potássio. Continuamos sem a exploração adequada de nossas vantagens comparativas em recursos naturais em relação aos outros países, e em prospecção mineral somos um "gigante adormecido", com enorme potencial a ser viabilizado (Marini, 2016).

Segundo dados de 2016, estavam cadastradas na Agência Nacional de Mineração (ANM, ex-DNPM) 10.841 minas, de toda e qualquer substância mineral e de qualquer porte. Desse total, a grande maioria (98,1%) estava associada à extração de produtos para a construção civil (britas, areias e cascalhos) e água mineral. Apenas 155 minas (1,4%) das cadastradas correspondiam a minas de *commodities* minerais de grande e médio porte (produção bruta de mais de 100 mil toneladas/ano), assim classificadas segundo concepção internacional, em sua quase totalidade operando a céu aberto. Por outro lado, as descobertas de novos depósitos de metais-base (cobre, zinco, chumbo, níquel) e ouro e urânio em todo o planeta passaram nas últimas décadas a ocorrer em maiores profundidades, o que implica custos mais elevados de pesquisa e lavra. O superciclo de valorização das *commodities* minerais acabou. Nas condições vigentes menos favoráveis, o aumento da produtividade e a diminuição de custos através de inovação tecnológica nas diferentes fases da atividade mineral (pesquisa, prospecção, lavra, beneficiamento, metalurgia extrativa) assegurariam competitividade às empresas brasileiras, sob o imperativo condicionante fundamental da sustentabilidade ambiental.

É necessário enfatizar que a Amazônia, com cerca da metade do território nacional, representa a última fronteira mineral importante do planeta. A região está associada com um potencial mineral enorme, ainda pouco explorado, com a real possibilidade de futuramente vir a se tornar uma nova província mineral produtora de cobre, molibdênio e ouro (Alta Floresta). Os principais recursos minerais em exploração atualmente se concentram na Serra dos Carajás (Pará), incluindo ouro, cobre, níquel, manganês e principalmente ferro. Embora com menos de 10% das minas brasileiras, a Amazônia é responsável por cerca de 30% do valor global de produção mineral do país. Mas a atividade mineral nessa região exige muito aporte de recursos e de tecnologia e deve ser conduzida com responsabilidade devido ao ambiente frágil de floresta tropical, conciliando conservação e proteção do meio ambiente com a geração de emprego, renda e riqueza, de modo a ser uma alternativa viável para o desenvolvimento sustentável (Salomão; Veiga, 2016).

No que se refere aos impactos socioeconômicos e ambientais da mineração, excluindo-se as atividades predatórias dos garimpos, a mineração organizada representa, a nosso ver, uma atividade econômica que deve ser cada vez mais estimulada no país, pela riqueza potencial de nosso território, por ser espacialmente localizada e por gerar recursos suficientes para uma boa gestão territorial e a compensação ambiental que for necessária. Isso não implica desconsiderar os impactos negativos da atividade, afetando muitas vezes de forma irreversível o ambiente. Esses impactos negativos estão relacionados às diversas fases da exploração do bem mineral, desde a lavra, o transporte e o beneficiamento do minério até a estocagem de estéril e rejeitos, podendo-se estender após o fechamento da mina ou o encerramento das atividades extrativas. Dois tipos de impactos são gerados: na área diretamente afetada, com a modificação da paisagem pelo processo da lavra, e na região de influência, pelos depósitos de estéril e de alocação de rejeitos.

As tragédias ambientais de Mariana e Brumadinho, com mortes, destruição de propriedades e enorme prejuízo econômico, além da contaminação do solo e das águas, demonstraram que os impactos socioeconômicos e ambientais podem extrapolar em muito a região de atividade extrativa mineral. Os desastres revelaram fragilidades do ponto de vista institucional e negligências e omissões dos órgãos públicos de fiscalização e das mineradoras, causando incertezas quanto aos riscos e à segurança das atividades extrativas, particularmente das barragens de contenção de rejeitos minerais (Bermann, 2016).

A mineradora Vale registrou um prejuízo de US$ 1,683 bilhão em 2019, comparado ao lucro líquido de US$ 6,860 bilhões em 2018. Nessa variação de desempenho com redução de US$ 8,543 bilhões, dois itens tiveram importância: (1) provisões e despesas de US$ 7,402 bilhões relacionadas com a ruptura da Barragem I, da mina Córrego do Feijão (Brumadinho), incluindo o processo de descaracterização de barragens e acordos de reparação; e (2) provisões de US$ 758 milhões relacionadas com a Fundação Renova e a descaracterização da Barragem de Fundão, da mina de Germano (Mariana) (Vale S.A., 2019). Assim, ao não conseguir evitar as catástrofes de Mariana e Brumadinho, as atividades das mineradoras Samarco e Vale também incorreram no que os economistas chamam de *custo de oportunidades*. O dinheiro, o tempo e o capital político que serão necessários para tentar remediar esses eventos não serão investidos na ampliação e na melhoria de seus negócios.

Apesar dos impactos decorrentes da tragédia de Brumadinho, ocorrida em janeiro de 2019, o faturamento do setor de mineração no Brasil cresceu 39,2% no ano em questão. O salto foi de R$ 110,2 bilhões em 2018 para R$ 153,4 bilhões em 2019. Os dados constam em balanço divulgado pelo Instituto Brasileiro de Mineração (Ibram), entidade que representa as maiores empresas do setor que atuam no país. A produção de minério de ferro, no entanto, caiu. Segundo estimativa do Ibram, a produção saiu de 450 milhões de toneladas em 2018 para cerca de 410 milhões de toneladas em 2019, correspondendo a uma queda de 8,8%, impactada pelo rompimento da barragem em Brumadinho, com dezenas de minas paralisadas por decisões judiciais ou por determinações da ANM (Adimb, 2020).

Infelizmente, com as duas tragédias, o que se constata hoje é a demonização da atividade extrativa mineral no país. Isso é mais enfatizado quando se observa que os riscos de rompimento de barragens de rejeitos aumentam nos ciclos de desvalorização das *commodities* minerais. Existiriam correlações de ciclos de alta dos preços dos minérios no mercado internacional com aceleração de procedimentos de licenciamento e construção de barragens de rejeitos para aproveitar a rentabilidade e, por outro lado, de ciclos de queda dos preços com redução de custos de manutenção e segurança dos ativos minerais (Davies; Martin, 2009). A situação é mais crítica quando é revelado pela ANM que, no início de 2019, existia um total de 769 barragens de mineração, com 84 construídas principalmente pelo método de alteamento a montante, o mesmo das barragens colapsadas de Mariana e Brumadinho (ANM, 2019).

O país exibe ainda enorme dificuldade em lidar com os desastres ambientais de grande magnitude por não ter cultura consistente de prevenção de acidentes e de gestão de riscos. Todos os protocolos desenvolvidos para dar segurança às operações de uma atividade de risco como a mineração e as salvaguardas definidas pelo setor não se mostraram suficientes para evitar essas tragédias. São necessárias regulação e fiscalização fortes e punição severa, quando justificável, pois a mineração tem seus riscos e precisamos aprender com esses erros. Um esforço enorme de fiscalização e monitoramento dessas estruturas de mineração deve ser envidado na prevenção de futuros eventos.

Para a manutenção do suprimento das *commodities* minerais em condições de atender às demandas nas próximas décadas, é fundamental o desenvolvimento de tecnologias inovadoras para as diferentes fases do empreendimento mineral, desde a pesquisa na localização da mineralização até seu aproveitamento econômico (lavra, beneficiamento etc.), com empreendimentos sendo conduzidos enfocando teores cada vez menores de elementos úteis. A reflexão sobre a situação de riscos inerentes à atividade mineral no país, particularmente após os rompimentos de Mariana e Brumadinho, foi a grande motivação para a elaboração deste livro. A indústria extrativa mineral implica mudanças da topografia no tempo, e o uso da tecnologia espacial com radares imageadores possibilita a detecção e o monitoramento dessas mudanças com precisão e acurácia. No nosso entender existe a alternativa, ainda pouco aplicada no país, do uso da tecnologia inovadora da Interferometria Diferencial de Radar de Abertura Sintética e suas variações no monitoramento da vulnerabilidade de estruturas mineiras.

Os autores têm concentrado esforços de pesquisa no tema DInSAR desde o início da década de 2010. Particularmente com o uso da A-DInSAR, resultados com muito sucesso têm sido obtidos no monitoramento de estabilidades de cavas de minas a céu aberto, pilhas de estéril, barragens hídricas e de rejeitos de mineração, e um estoque de conhecimento sólido foi acumulado com muitas publicações em revistas arbitradas. A tecnologia A-DInSAR saiu do estado de pesquisa e desenvolvimento e é considerada atualmente operacional. Contudo, como sempre ocorre com o advento de novas tecnologias, é preciso dar tempo para a maturação de seu conhecimento, sendo seu potencial ainda muito pouco explorado, mesmo na comunidade acadêmica. Essa tecnologia espacial tem sido entendida como interessante ao prover informações quantitativas de detalhe de movimentação da superfície para a produção de excelentes artigos acadêmicos, porém ainda com um impacto limitado em aplicações na vida real (Ferretti, 2014).

Algumas razões explicam esse lento avanço. Como qualquer tecnologia espacial, a difusão de seu uso depende fundamentalmente da oferta de dados espaciais confiáveis e adquiridos de modo sistemático. No caso da interferometria de radar, apesar de os resultados precursores do potencial datarem do satélite SEASAT, lançado pela Agência Espacial Norte-Americana (National Aeronautics and Space Administration, NASA) em junho de 1978 e que operou em órbita por 105 dias, o primeiro SAR civil especificamente concebido com características para o monitoramento de deformações de superfície foi o Sentinel-1A, lançado pela ESA somente em abril de 2014. Até então, todas as missões com SAR tinham propósitos múltiplos, sendo a aquisição interferométrica, que requer o mesmo modo de aquisição, a mesma visada e recobrimentos repetitivos, apenas uma da longa lista de aplicações (detecção e monitoramento de derramamento de óleo em oceanos, mapeamento de desflorestamento, determinação de umidade de solos etc.). A opção do segmento espacial foi desenvolver sistemas com opções cada vez mais sofisticadas tecnologicamente em termos de polarização das ondas eletromagnéticas, resolução espacial, ângulos de incidência etc. Além disso, como a interferometria requer uma longa série temporal de recobrimentos, os custos elevados dos dados comerciais e a falta de uma estratégia de aquisição que assegure uma cobertura interferométrica sistemática têm sido outros grandes obstáculos para a disseminação de uso da tecnologia.

Apesar dessas dificuldades, resultados mostrando a aplicabilidade da DInSAR têm cada vez mais recebido atenção, principalmente devido (1) aos avanços no desempenho dos sistemas sensores, provendo dados com menor tempo de revisita através de constelações SAR, elevada resolução espacial e versatilidade de cobertura em área; (2) ao desenvolvimento de algoritmos mais robustos e cadeia de processamentos mais sofisticados, reduzindo a influência de ruídos atmosféricos e do sistema sensor nos resultados; e (3) ao aumento da capacidade computacional (processamento paralelo e em nuvem), permitindo a redução do tempo de processamento e fornecimento da informação (Raspini et al., 2018).

Como discutiremos em detalhes no texto, o uso de dados SAR fornece medidas de movimentos da superfície com acurácia milimétrica-centimétrica a métrica de toda a área da mineração (cavas, pilhas de estéril, barragens de rejeitos, infraestrutura operacional, como correias transportadoras, estradas, ferrovias etc.), com visão sinóptica, grande densidade de medidas (centenas de pontos por quilômetro quadrado), mesmo em locais onde o acesso é limitado para técnicas convencionais de monitoramento, e com as vantagens adicionais de não depender da instalação de equipamento nem de equipes em campo. A técnica A-DInSAR é ainda complementar aos sistemas de monitoramento de campo *real-time* na mineração, mas está cada vez mais se tornando uma tecnologia *near-real-time* pelo uso de aquisições SAR com pequeno tempo de revisita.

Um aspecto importante a ser ressaltado é que o sucesso na utilização da tecnologia depende da integração de conhecimentos de especialistas distintos, com domínio em SAR e em *softwares* específicos e com entendimento do problema de monitoramento enfocado (mineração, petróleo, deslizamentos gravitacionais de solos e rochas etc.).

Uma revolução tecnológica está em curso no planeta, com características cada vez mais disruptivas em relação a técnicas convencionais, e os avanços nas aplicações com o uso da A-DInSAR confirmam essa tendência. Resultados com essa tecnologia na detecção de movimentos na superfície têm sido validados utilizando diferentes dados geodésicos, e ela tem se mostrado viável para monitorar grandes áreas em um curto intervalo de tempo, com grande densidade de medidas com acurácia e precisão elevadas e sem necessitar de equipamento em campo. Isso não implica que as técnicas de monitoramento de campo estejam se tornando obsoletas, mas sim que a complementariedade é a melhor alternativa na perspectiva operacional (Paradella et al., 2015b). O emprego de sistemas SAR orbitais em constelação tem produzido uma enorme quantidade de dados, que, transformados no formato eletrônico, realçam um poder sem precedente do processamento de dados por computador. O desenvolvimento de algoritmos sofisticados e robustos tem permitido derivar informações e gerado conhecimento sobre mudanças na superfície em vários campos de aplicação. Um vasto acervo de artigos e publicações está disponível atualmente na literatura sobre a utilização dessa tecnologia espacial, que atingiu um estágio de maturidade para uso operacional na indústria mineral.

2
Fundamentos do radar imageador

2.1 Por que usar radar imageador?

Compreender melhor o planeta em que vivemos e como as atividades humanas afetam sua sustentabilidade presente e futura é um desafio da humanidade. O advento do sensoriamento remoto (SR) orbital revolucionou nossa capacidade de atuar de modo globalizado. Seja no levantamento e na utilização de recursos naturais renováveis e não renováveis, seja no monitoramento de desastres naturais e de atividades da dinâmica de uso da terra e sua cobertura, a humanidade depende cada vez mais do imageamento por satélites para sua sobrevivência e prosperidade. A observação do planeta sob perspectiva sinóptica e sistemática tem permitido o enfoque em aplicações em escalas global, regional e local.

A radiação eletromagnética é o meio pelo qual informações são obtidas dos alvos ou fenômenos a partir de respostas da interação energia-matéria. Os sensores remotos atuam em grande parte do espectro eletromagnético, desde o visível/infravermelho (espectro óptico) até a região de ondas de rádio de baixa frequência (espectro das micro-ondas). A interação energia-matéria é peculiar para cada região espectral considerada e é controlada pelas características dos alvos. Por exemplo, na região do visível/infravermelho próximo, a energia solar refletida é usada para prover informações sobre a composição química e a estrutura física dos alvos. No caso de sensores ativos nas micro-ondas, os comprimentos de onda (λ) utilizados são até 100.000 vezes maiores que aqueles do espectro visível (0,3 μm a 0,7 μm), e a energia retroespalhada permite derivar informações sobre a estrutura física (geometria, forma) e a propriedade elétrica dos alvos. Por exemplo, a quantidade de energia em micro-ondas espalhada de uma folha verde de um vegetal é proporcional a seu tamanho, sua forma e seu conteúdo de água, distinta da quantidade de clorofila, que controla a resposta no espectro óptico.

Os radares empregados em sensoriamento remoto podem ser agrupados em três tipos: altímetros, escaterômetros e imageadores. Aplicações muito específicas usam radares altímetros para determinar a altitude de um objeto, por exemplo, de um satélite sobre o terreno. Os escaterômetros são usados, por exemplo, para indicar a velocidade do vento sobre uma área da superfície do mar ou para coletar dados experimentais que auxiliem na análise de outros tipos de dados. A maioria das aplicações com sensores remotos nas micro-ondas emprega radares imageadores, e é exclusivamente sobre esse tipo de sensor e sua aplicação em mineração que trata este livro.

No histórico do sensoriamento remoto, o uso do espectro das micro-ondas é algo relativamente recente. Imagens de radar aeroportado só começaram a ser empregadas operacionalmente a partir de meados da década de 1960. Em contraste, a utilização do espectro óptico através das fotografias aéreas já era comum há mais de um século. Nesse sentido, o advento do imageamento orbital multiespectral (visível/infravermelho próximo) apenas consolidou essa tendência, posto que essas imagens podiam ser consideradas como fotografias aéreas de elevada altitude. Assim, a utilização de esquemas clássicos de extração de informações – a fotointerpretação com imagens orbitais ópticas – foi uma consequência natural da experiência obtida com as fotos aéreas. Da mesma forma, imagens de radar de aerolevantamentos foram inicialmente empregadas como se fossem fotografias aéreas pancromáticas adquiridas sob ângulos pequenos de iluminação solar.

Até 1978, o sensoriamento remoto orbital esteve restrito aos sensores passivos (espectro óptico). O grande desenvolvimento que se seguiu ao experimento norte-americano com o SEASAT resultou na grande disponibilidade de dados de radar em missões variadas (militares, científicas, comerciais) com diferentes especificações (frequência ou λ, resolução espacial, polarização, revisita etc.), sejam as de curta duração tripuladas dos *shuttles* (ônibus espaciais da NASA), sejam as com sistemas de recobrimentos sistemáticos do planeta. Confrontado com imagens de radar de características específicas (frequência, resolução, incidência, polarização etc.), a primeira reação do usuário acostumado com imagens ópticas era a de se sentir desconfortável com o uso de dados cuja forma de geração desconhecia. Como consequência, ou esses dados passavam a não ser utilizados, ou, o que era mais comum, eram usados como se fossem de sensores ópticos. Essa tendência, ainda hoje presente na comunidade de usuários, mostra-se cada vez mais limitada, particularmente com o advento de dados interferométricos e polarimétricos, gerando imagens de grande complexidade. O avanço da tecnologia indica a tendência cada vez maior da migração de abordagens qualitativas para quantitativas, com a diminuição da subjetividade na extração dos dados e na obtenção da informação. O sucesso nessa transição depende cada vez mais de uma combinação de fatores que incluem melhor compreensão dos fundamentos da interação energia-matéria nas micro-ondas, compreensão de como os parâmetros do sensor e do alvo controlam as respostas detectadas, disponibilidade de dados calibrados *softwares* específicos e abordagens adequadas para a manipulação dos dados e a extração de informações.

O início dessa mudança começa por uma pergunta básica: qual a vantagem do imageamento com radar? A essa dúvida, algumas respostas são pertinentes. A primeira, e talvez a mais importante, está na possibilidade de obtenção de dados independentemente das condições atmosféricas. Assim, na capacidade de penetrar nuvens, brumas, fumaça e, em grande extensão, chuvas reside a maior vantagem do imageamento nas micro-ondas, quando comparado com o óptico. A Fig. 2.1 ilustra o efeito da presença de nuvens e chuvas na transmissão de micro-ondas. Uma cobertura densa de nuvens é suficiente para impedir o imageamento óptico, mas é quase totalmente transparente para as micro-ondas. A presença de nuvens passa a ter efeito apenas para λ da radiação eletromagnética situados abaixo de 2 cm, sendo essa influência mais crítica para λ menores que 1 cm. No caso das chuvas, seu efeito é muito maior e é significativo para λ menores que 4 cm.

Uma segunda resposta está ligada à capacidade de obtenção de dados, independentemente da energia solar. Essa independência é relativa, pois a energia necessária para a operação de um radar orbital, com o sensor dito ativo, é proveniente da fonte solar. Contudo, a possibilidade de obtenção de dados tanto de dia quanto à noite resulta em maior resolução temporal e representa uma vantagem comparativa adicional ao imageamento óptico (passivo).

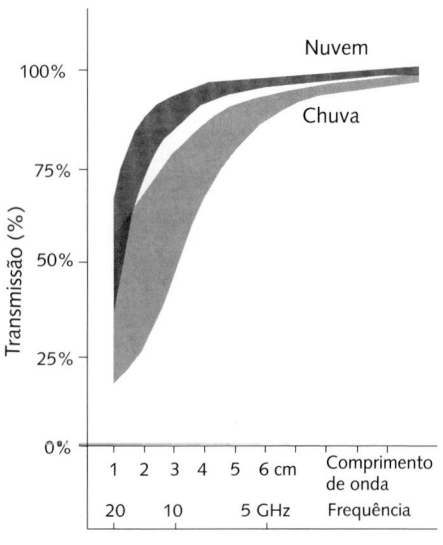

FIG. 2.1 *Efeitos da presença de nuvem e chuva na transmissão de micro-ondas*
Fonte: adaptado de Ulaby, Moore e Fung (1981) e GlobeSAR-2 (1998).

Uma terceira resposta reside na sua maior capacidade de penetração nos alvos que os sensores ópticos. De modo geral, a interação energia-matéria no espectro óptico está restrita aos mícrons superiores dos alvos, fornecendo uma amostragem composicional de sua superfície. No caso das micro-ondas, a penetração é muito maior. Dependendo do tipo de alvo analisado (condições de umidade, arquitetura interna, densidade etc.) e do sensor (λ, incidência e polarização), conseguem-se informações valiosas de profundidade. Imageamentos nas micro-ondas representam a única alternativa em sensoriamento remoto para a obtenção de informações de profundidade em alvos, particularmente quando se trata da cobertura vegetal (arquitetura do dossel e interface vegetal-terreno) e de pacotes de sedimentos em ambientes áridos (variações composicionais de rochas e descontinuidades de subsuperfície).

Uma quarta razão para o uso de radares imageadores envolve a natureza intrínseca da informação obtida, que é distinta daquela no espectro óptico. A dualidade da natureza corpuscular ou ondulatória da radiação eletromagnética passa a ser importante na abordagem do sensoriamento remoto, dependendo da região espectral considerada, e explica as diferenças observadas de comportamentos na interação energia-matéria (Mather, 2004). Ao se considerarem as rochas, seus produtos de alteração (solos) ou a cobertura vegetal, a informação no espectro visível/infravermelho próximo (a radiância espectral) é controlada, em grande parte, por transições eletrônicas e ressonâncias moleculares dos constituintes (minerais, pigmentos dos vegetais etc.). No caso das micro-ondas, o sinal de retroespalhamento é controlado pelas propriedades geométricas (rugosidade superficial, arquitetura do dossel etc.) e elétricas (permissividade elétrica complexa) dos alvos. O sensor registra a energia retroespalhada do terreno (eco), medindo a amplitude e o exato ponto de oscilação da onda de retorno (fase). A amplitude se relaciona com a refletividade retroespalhada do alvo e a fase é indicativa da distância do sensor ao alvo.

Um aspecto relevante a ser ressaltado é que o radar imageador é um sensor coerente. O conceito de fase é importante para o assunto do livro e será detalhado posteriormente. Porém, de modo introdutório, é suficiente mencionar que a maioria dos sistemas orbitais com radares imageadores emitem radiação eletromagnética, com sinal do campo elétrico "quase monocromático" (banda de frequência específica) e que pode ser representado como uma sucessão de ondas senoidais com amplitude conhecida e um relacionamento de fase fixo (determinístico, não aleatório) entre os valores de campo elétrico em diferentes locais e tempos diferentes. Essa característica de ser um sensor coerente é a condição que permite a interferência (superposição de ondas) e torna possível a interferometria de radar.

Cabe, por último, salientar ainda outras características particulares ao imageamento com radar: (1) em razão de operar em visada lateral e com fonte de emissão e recepção da energia na mesma posição, imagens de radar apresentam distorções geométricas únicas, com a presença de efeitos típicos de encurtamento de rampa (*foreshortening*), inversão de relevo (*layover*) e sombra de radar, que serão discutidos posteriormente; (2) imagens de radar exibem *speckle*, um ruído típico devido à natureza coerente da radiação utilizada e ao processamento usado na geração da imagem; e (3) imagens de radar permitem a detecção de movimentos de alvos nas cenas.

2.2 O INÍCIO DE TUDO: AS ONDAS ELETROMAGNÉTICAS

Embora esteja fora do escopo deste livro entrar em detalhes sobre como ocorreu a evolução científica que uniu, há mais de 200 anos, fenômenos que eram tratados de modo distinto e não relacionado, como a eletricidade, o magnetismo e a luz, apresenta-se a discussão resumida a seguir, realizada com base num dos melhores livros sobre sensoriamento remoto nas micro-ondas (Woodhouse, 2006).

Assim, data de 1802, com os trabalhos pioneiros de Thomas Young, a primeira demonstração da natureza ondulatória da luz. Ainda em 1817, esse físico inglês também propôs que a luz se propagava em ondas transversais (com oscilação em ângulos retos em relação à direção de propagação), diferentemente portanto das ondas longitudinais (com vibração na direção da trajetória, como o som), o que permitiu explicar o efeito da polarização (plano de vibração da onda), de enorme importância na polarimetria de radar.

Essa evolução no conhecimento foi marcada, no período de 1845 a 1850, pelas contribuições de Christian Oersted e Michael Faraday, que relacionaram os fenômenos da eletricidade e do magnetismo através da indução, na qual um campo elétrico variando no tempo gerava um campo magnético correspondente e vice-versa. Ainda em 1845, Faraday também observou o relacionamento entre eletricidade, magnetismo e luz, ao notar que um campo magnético forte afetava a natureza da luz em um meio. As duas décadas seguintes marcaram o que se considera o início da Física Moderna, particularmente com a contribuição de James Clerk Maxwell, combinando as evidências de Oersted e Faraday nas quatro famosas equações de Maxwell.

Essas equações trataram matematicamente as relações entre campos elétricos e magnéticos, que se propagariam no espaço vazio como ondas. Um campo elétrico oscilante induziria um campo magnético oscilante e vice-versa, em uma repetição sucessiva, em uma perturbação autossustentável, que se propagaria no espaço sem necessitar de um meio material para tal. As ondas que descreviam essas propagações foram denominadas de ondas eletromagnéticas. Maxwell ainda calculou a velocidade teórica dessa propagação, e o valor encontrado foi o mesmo que tinha sido determinado por Armand Fizeau em 1849 para a luz visível. Dessa forma, a eletricidade e o magnetismo estavam ligados à natureza da luz, postulados por Maxwell como sendo exatamente todos parte de um mesmo fenômeno. Coube a Heinrich Hertz demonstrar experimentalmente, em 1887, que a força elétrica se propagava no espaço, mesmo na ausência de matéria, na velocidade da luz.

No início do século XX, estava claro que a luz visível, o calor radiante e as ondas de rádio eram todas formas do mesmo fenômeno: a radiação eletromagnética (REM). Os atributos-chaves dessas ondas eram seu comprimento λ (ou frequência, sendo ambos relacionados) e o intervalo amplo e contínuo de possíveis tipos de ondas, denominado de espectro eletromagnético. Esse espectro abrangia ondas de λ pequenos a grandes, cobrindo desde raios gama até raios X, passando por luz ultravioleta à luz visível, desta ao infravermelho e chegando finalmente às micro-ondas e às ondas de rádio. As micro-ondas são tipos de radiação eletromagnética com λ de 1 mm a 1 m. De modo generalizado, cargas elétricas (elétrons) aceleradas linearmente ou por rotações são fontes de ondas eletromagnéticas.

Existem diferentes tratamentos matemáticos para descrever uma onda eletromagnética, sendo usado por simplicidade um perfil de curva senoidal na descrição da onda elétrica (Fig. 2.2A), já que, no contexto de sensoriamento remoto por radar, apenas o componente do campo elétrico da REM é de interesse. Assim, assumindo uma onda que se propaga ao longo de um eixo z, sua trajetória pode ser descrita pela função $\psi(z)$. Adota-se convencionalmente o eixo z como o da direção de propagação da onda (eixo horizontal). Já o plano xy é usado para descrever a polarização, que se refere à orientação do campo elétrico durante a propagação (Fig. 2.2B).

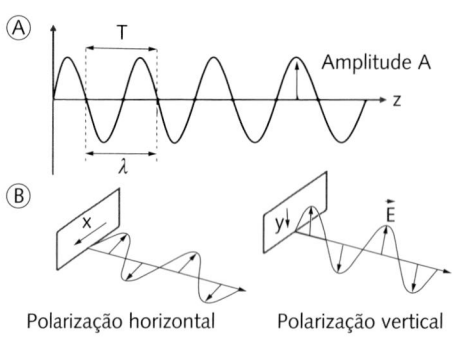

Fig. 2.2 *Perfil de curva senoidal representando a propagação de uma onda do campo elétrico: (A) eixo z, com descritores de amplitude (A), período (T) e comprimento de onda (λ); e (B) plano xy, com polarizações do campo elétrico em planos de vibrações horizontal e vertical*

O perfil dessa função da onda é dado por:

$$\psi(z) = A\,\text{sen}\,kz \qquad (2.1)$$

em que k é uma constante positiva conhecida como número de onda e kz é expresso em unidades de radianos. A função seno assume valores entre -1 e $+1$, de modo que o máximo valor de $\psi(z)$ é A, conhecida como amplitude e medida em relação ao eixo z. Se o eixo horizontal for em unidades de tempo, o intervalo de um ciclo da onda será representado pelo período (T), e, se for em unidades de espaço, será representado pelo comprimento de onda (λ). Em outras palavras, T é o tempo de propagação de um ciclo completo da onda, e λ é a distância na qual a função se repete (um ciclo).

A Eq. 2.1 apenas descreve a forma da onda em função da distância ao longo do eixo z, mas são aqui de maior interesse ondas que mudam com o tempo, ou seja, ondas que se propagam em uma direção positiva de z com uma velocidade v. Portanto, $\psi(z)$ é também uma função do tempo e é possível reescrevê-la como $\psi(z,t)$. O desdobramento

2 Fundamentos do radar imageador | 25

da equação leva à substituição de z pelo seu equivalente variante em tempo (z − vt), posto que, após um tempo t, a propagação da onda avançará uma distância vt. A razão da subtração em vez da adição reside no fato de que, se a onda se propaga em uma direção positiva z, a parte da onda que já se propagou estará atrás do seu ponto de avanço, e não à frente. Portanto, a equação completa que descreve a onda em qualquer local de sua direção de trajetória z e em qualquer tempo t pode ser agora reescrita como:

$$\psi(z\ t) = A\,\text{sen}\,k(z - vt) \tag{2.2}$$

Assim, descreve-se a onda eletromagnética por três parâmetros gerais (a amplitude A, a velocidade v e o número de onda k) e dois parâmetros específicos de espaço (a distância z, a partir de um predeterminado sistema de origem de coordenadas) e de tempo (decorrido na propagação a partir de um predeterminado instante, t). Para um tempo t = 0, tem-se a equação original primeira. Dois outros detalhes merecem menção. Os parâmetros k e λ são sempre números positivos e se relacionam por meio de $k = 2\pi/\lambda$. Além disso, ao considerar o período temporal T (quantidade de tempo que um ciclo completo da onda leva para passar por um observador estacionário), tem-se que $kvT = 2\pi$. Substituindo-se essa relação na anterior, é obtida a relação $T = \lambda/v$, que associa o período temporal T com o período espacial da onda λ e com a velocidade de propagação v, assumida aqui como a da luz.

Três outros descritores da onda são ainda importantes nessa discussão. A frequência (f) corresponde ao número de oscilações produzidas pelo campo elétrico durante o intervalo de 1 s, dada em hertz (Hz = ciclos/s). A velocidade e o λ da onda elétrica mudam na propagação em meios distintos, mas f permanece constante. A relação de período e frequência é dada por $f = 1/T$. Outro descritor de importância fundamental, principalmente na interferometria, é o conceito de fase. A fase da onda descreve a localização do ponto de vibração na curva senoidal e é, por definição, igual ao ângulo Φ (Fig. 2.3), assumindo variações de 0 a 360° ou 0 a 2π rad. A relação de Φ com λ indica que, a uma variação de fase de 2π, corresponde um λ. Finalmente, existe outro descritor que é muito usado no tratamento matemático para descrever o movimento da onda eletromagnética, que é sua frequência angular (ω), dada por $\omega = 2\pi/T$ ou $\omega = kv$. Essa relação indica a taxa de mudança de ângulo da fase e é expressa em rad/s.

Uma forma de equação para expressar a movimentação cíclica da onda, considerando-se sua frequência angular, é dada por:

$$\psi(z,t) = A\,\text{sen}(kz - \omega t) \tag{2.3}$$

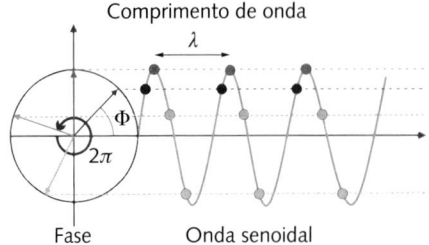

FIG. 2.3 *Parâmetros de comprimento de onda, fase e onda senoidal. A função senoidal (Φ) é periódica, com um período de 2π rad, e expressa uma relação com λ*

Em síntese, a equação completa que descreve a propagação da onda eletromagnética é representada por uma função exponencial complexa:

$$\psi(z,t) = Ae^{i(\omega t - kz + \Phi_0)} \quad (2.4)$$

em que A é a amplitude do vetor campo elétrico, ω é a frequência angular, k é o número de onda e Φ_0 é a fase inicial. A consideração de vetor campo elétrico deve-se ao fato de que, quando se tem uma coleção de ondas com trajetórias em diferentes direções, a utilização da orientação ao longo de sua linha de propagação não se aplica rigorosamente. Assim, a forma mais correta de descrever essa propagação é através da notação vetorial. O desenvolvimento detalhado dessa equação está fora do escopo deste texto e pode ser visto em Woodhouse (2006). De qualquer modo, essa equação engloba a descrição completa da propagação do vetor campo elétrico para qualquer posição ao longo de sua direção de propagação (z) e em qualquer instante de tempo (t), para um meio homogêneo, isotrópico e não magnético.

2.3 O QUE É UMA IMAGEM SAR?

A partir de 1990, radares de abertura sintética (SAR) evoluíram cada vez mais para fontes de medidas de precisão no sensoriamento remoto. Simultaneamente com a evolução dos sensores, algoritmos específicos para tratamento e análise de dados provenientes desse tipo de sensor foram também desenvolvidos. De modo geral, um SAR é um sensor que opera na região das micro-ondas do espectro eletromagnético, dentro do intervalo de λ de 1 mm a 1 m ou de frequência de 0,3 GHz a 300 GHz. Quanto maior é o λ, mais efetiva é a capacidade de penetração em um material (dielétrico), conforme será discutido posteriormente. Assim, os sistemas orbitais seguem órbitas sol-síncronas e usam ondas eletromagnéticas em diferentes bandas (Tab. 2.1), sendo as de utilização mais comum a X ($\lambda \sim 3$ cm), a C ($\lambda \sim 6$ cm) e a L ($\lambda \sim 23$ cm).

Um SAR tem uma geometria de visada lateral, com feixe de micro-ondas irradiado em um ângulo ortogonal ao vetor velocidade do sensor, isto é, na direção de trajetória do satélite. Um plano de imageamento bidimensional, nas dimensões em alcance (range) e azimute, é obtido com o movimento do sensor e a transmissão periódica de pulsos ortogonais à direção de trajetória (Fig. 2.4).

TAB. 2.1 Diferentes frequências ou λ usados por sistemas orbitais SAR em atividade

Banda	Intervalo de frequência (GHz)	Intervalo de comprimento de onda (λ) (cm)	Sistemas SAR
X	8-12	3,75-2,50	COSMO-Skymed, TerraSAR-X, TanDEM-X, PAZ, KOMPSAT-5, ASNARO-2
C	4-8	7,5-3,75	RADARSAT-2, Sentinel-1A, Sentinel-1B, RISAT-1, RCM
L	1-2	30-15	ALOS-PALSAR-2, SAOCOM-1

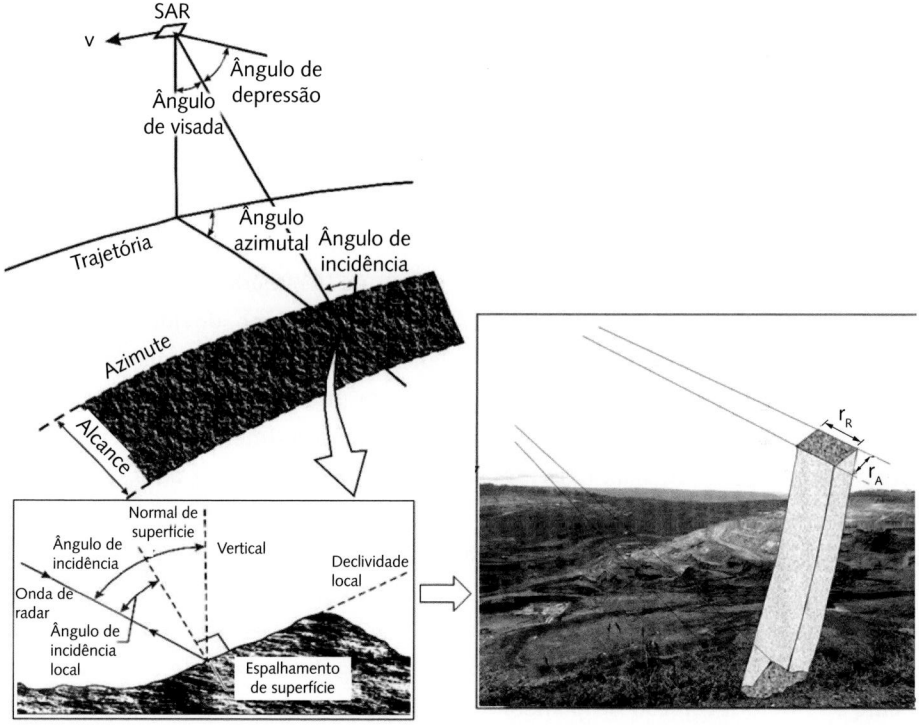

FIG. 2.4 *Geometria de imageamento de um SAR, ângulos relacionados e célula de resolução tridimensional no espaço iluminado, que é transformada nas dimensões de alcance (r_R = resolução em range) e azimute (r_A = resolução em azimute)*
Fonte: adaptado de Lowman Jr. et al. (1987), Raney (1998) e GlobeSAR-2 (1998).

Os primeiros sistemas orbitais SAR eram de visadas à direita da trajetória (*right-looking satellite*), implicando que os feixes de micro-ondas eram transmitidos e recebidos no lado direito apenas da visada, ou seja, o sistema não rotacionava. Os satélites mais recentes têm capacidade de imageamento de visada de ambos os lados, com visadas à direita e à esquerda da trajetória, embora o modo de configuração básico seja normalmente de visada à direita da trajetória, podendo potencialmente imagear a superfície de ambos os lados, mas não simultaneamente. Assumindo-se um SAR operando em configuração normal de imageamento fixo à direita de sua trajetória, a combinação dos movimentos do satélite e do planeta torna possível adquirir dados de uma mesma área de duas direções de visada quase opostas: órbitas ascendentes, com o satélite movendo-se de Sul para Norte, azimute de visada ≈ 80° no equador (visadas para Leste), e órbitas descendentes, com o satélite movendo-se de Norte para Sul, azimute de visadas ≈ 280° no equador (visadas para Oeste). Essa flexibilidade de visadas quase opostas é importante no realce de feições topográficas ou antrópicas no terreno, sendo realçadas quando ortogonais à visada e atenuadas quando orientadas paralelamente à visada. Esses aspectos serão discutidos posteriormente.

A inclinação da antena do SAR em relação à vertical (nadir) é denominada de ângulo de visada e, em relação à horizontal, de ângulo de depressão. Para a maioria dos sistemas SAR, o ângulo de visada pode ser selecionado em um intervalo variável de 20° a 50°. Essa versatilidade de variação é fundamental para imageamentos com topografia variada, desde superfície planas (declividade zero) até muito inclinadas (relevos montanhosos), de modo a minimizar os efeitos de distorções geométricas nas imagens causados por encurtamentos de rampa (*foreshortening*) ou inversão de relevo (*layover*). Deve ser notado que, para um terreno plano, devido à curvatura da superfície do planeta, o ângulo de incidência, medido no alvo entre a linha de visada e o nadir, é maior que o ângulo de visada (medido no sensor). A direção ao longo da linha de visada ou *line of sight* (LoS) é normalmente conhecida como direção em alcance ou *slant-range*. O ângulo de visada nunca é zero, posto que nessa situação o sensor receberia ecos de alvos iluminados pela antena, quase simultaneamente, com informação ambígua, tornando impossível a construção de uma imagem.

A direção de apontamento da antena de um SAR orbital não é perfeitamente normal à trajetória do satélite, resultando que o ângulo de azimute não é precisamente 90°. Com a rotação do planeta enquanto o SAR está imageando o terreno, não podem ser negligenciadas as pequenas variações angulares no apontamento da antena (*squints*), de modo a compensar esse efeito rotacional. Além disso, a antena recebe ecos enquanto se move em velocidade de poucos km/s e, assim, a partir de locais diferentes comparados à posição que estaria quando da emissão dos pulsos. De maneira simplificada, o sistema SAR funciona num modo tipo *stop-and-go*: transmite um pulso em micro-ondas e recebe o eco (retroespalhamento) enquanto está estacionário. Então, move-se um "passo" adiante, definido pela velocidade da plataforma vezes a taxa de repetição do pulso, que será tratado posteriormente, e repete o procedimento. Finalmente, mesmo considerando a rotação do planeta, a direção em alcance pode ser assumida como ortogonal à direção da trajetória.

Assim, uma imagem bidimensional (alcance × azimute) do terreno imageado é obtida com a detecção do sinal retroespalhado, através da combinação da movimentação do sensor e da transmissão periódica dos pulsos ortogonais à direção de trajetória do satélite. Dessa discussão, um importante parâmetro de um SAR é sua resolução espacial, que representa a capacidade de discriminar alvos no terreno. A resolução espacial é um indicativo da qualidade do imageamento realizado; quanto menor é seu valor, maior é a resolução. Como mostrado na Fig. 2.4, a célula de medida da interação no terreno é descrita por duas dimensões espaciais, com valores distintos: a resolução em azimute (*along-track*) e a resolução em alcance ou range (*across-track*). No caso da resolução em azimute, duas abordagens são encontradas na literatura, que levam ao mesmo resultado: o arranjo sintético ou a síntese Doppler. Devido à maior facilidade de compreensão, apenas a abordagem por arranjo sintético será aqui tratada com mais detalhe, tendo como base os trabalhos de Raney (1998) e Werle (1988). Para os interessados na síntese Doppler, a descrição pode ser vista em Elachi (1987).

O tratamento do arranjo sintético neste texto parte do conceito de resolução em azimute de um radar de abertura real, que antecedeu o advento dos sistemas atuais de abertura sintética. Assim, em um sistema de abertura real (RAR), a resolução em azimute (P) é função da largura do feixe irradiado (β) em azimute e da distância do sensor ao alvo (R), sendo definida como (Fig. 2.5A):

$$P = R\beta \tag{2.5}$$

O feixe irradiado também pode ser expresso em relação ao λ e à dimensão (L) da antena em azimute (Fig. 2.5B), através de $\beta = \lambda/L$, tendo-se, portanto, $P = R\lambda/L$. Essas relações implicam que a resolução em azimute de um RAR é melhor quando a distância do sensor ao alvo (R) é menor, piorando conforme essa distância aumenta (Fig. 2.5A). Além disso, a resolução espacial também passa a ser melhor para sensores operando com λ maiores. Em outras palavras, para conseguir a melhoria em resolução em azimute com um RAR, as opções seriam valores de feixes muito pequenos (~10^{-3} rad) e dimensões de antenas muito grandes. Isso colocou limites físicos na melhoria de resolução espacial em azimute para esse tipo de sistema. Outra forma de compreender o problema (Fig. 2.5B) seria pela área iluminada pelo foco da antena no terreno (*footprint*), que depende das dimensões da antena e da altitude do sensor ($\beta_H = \lambda/L$ na dimensão de azimute e $\beta_V = \lambda/D$ na dimensão em range). Isso implica que, quanto maior a dimensão da antena, menor e mais focado o feixe. Apenas como exemplo, o *footprint* da antena das missões ERS, da ESA, era de 100 km em alcance (range) no terreno e 5 km em azimute (Ferretti, 2014).

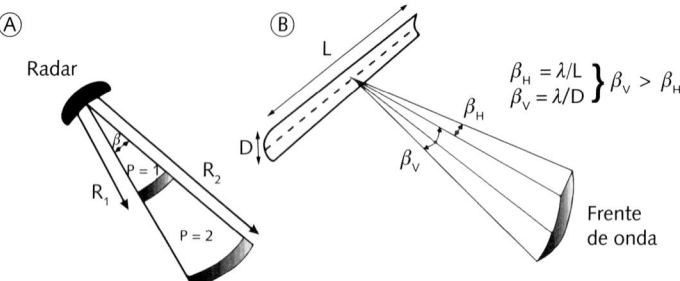

FIG. 2.5 *Resolução em azimute para um RAR em função da largura do feixe irradiado (β) e da distância sensor-alvo. Em (A), a resolução em azimute na distância R_1 é melhor que na distância R_2. Em (B), as larguras do feixe irradiado (β_H e β_V) também podem ser relacionadas com λ e as dimensões da antena*
Fonte: adaptado de Werle (1988) e Amaral (1975).

Essas limitações faziam com que, para a obtenção de uma grande resolução em azimute, a dimensão L da antena devesse ter centenas de metros, o que obviamente é impossível, tanto para aeronaves quanto, principalmente, para missões espaciais, onde o tamanho e o peso do satélite devem ser minimizados para evitar um aumento exponencial de custos em carga útil (sensor), plataforma e lançamento. A solução dessa limitação foi encontrada por Carl Wiley, da Goodyear Aerospace, através do conceito de abertura sintética (SAR), fazendo uso do movimento relativo da plataforma e do alvo no terreno (Wiley, 1954).

De modo simplificado, uma antena pequena (real) instalada em uma plataforma em movimento transmite pulsos em intervalos regulares ao longo da trajetória. Quando um alvo no terreno entra no feixe irradiado pela antena, emite sinais retroespalhados por um dado intervalo de tempo, a partir do instante em que entra no feixe da iluminação, durante o movimento da plataforma e quando deixa de ser detectado. Quanto maior a distância ou alcance (range) do alvo ao sensor, maior o tempo que o alvo permanece iluminado. Da perspectiva do alvo, o arranjo sintético é maior para alvos mais distantes e menor para alvos mais próximos da antena. Portanto, os retornos da energia retroespalhada do alvo estarão presentes em várias linhas de range, posto que a linha de alcance corresponde à coleção de ecos recebidos por um determinado pulso. Assim, o tamanho efetivo do arranjo sintético é diretamente proporcional à distância ou range do alvo. Considerando-se que a resolução é diretamente proporcional à dimensão física da antena e inversamente proporcional ao alcance, esses dois efeitos se compensam e, como resultado, a resolução em azimute em um

SAR permanece a mesma na direção ortogonal à visada (*across-track*). Conhecendo-se a trajetória do sensor e usando-se algoritmos específicos de processamento de sinais, é possível, como demonstrou Carl Wiley, simular uma antena de dimensão muito maior, fisicamente não existente, combinando apropriadamente os sinais refletidos do alvo no terreno. A essa técnica de processamento foi dado o nome de *Synthetic Aperture Radar* (SAR). Em termos práticos, com essa técnica, foi possível a obtenção de elevada resolução espacial em azimute, mantida constante em grandes distâncias de alcance.

Cabe observar que o comprimento efetivo da antena é proporcional ao seu *footprint*, isto é, através de poucos quilômetros é possível a obtenção de uma resolução em azimute de poucos metros. Mais precisamente, a resolução em azimute em um SAR teoricamente pode ser tão boa quanto $d/2$, ou seja, a metade da extensão real da antena na dimensão em azimute. Matematicamente, o arranjo sintético pode ser explicado pela sequência de passos detalhados a seguir, tomando-se como referência a Fig. 2.6:

a) uma antena real com dimensão d opera com um feixe de largura em azimute com β radianos, que pode ser descrito por $\beta = \lambda/d$, quando operando com comprimento de onda específico λ e a uma altitude H;

b) um alvo T, presente a uma distância em alcance R da antena, permanece dentro do feixe real β por uma distância de trajetória do sensor dada por $L = R\beta$, que corresponde à resolução espacial em azimute para um RAR;

c) um SAR registra os retornos de sinais retroespalhados (ecos) coerentes da iluminação do alvo T, isto é, a amplitude e a fase são registradas em função do tempo. Como o sensor se move ao longo da trajetória L, os sinais registrados são então processados, o que consiste em compensar a variação da distância R de tal forma que sejam adicionados em fase, e resultam em um arranjo sintético equivalente ao de uma antena de dimensão L, com uma resolução angular correspondente a $\beta_s = \lambda/2L$, sendo o fator 2 incorporado devido à propagação dupla do sinal (antena-alvo-antena). Como visto anteriormente que $L = R\beta$ e $L = R\lambda/d$, ao substituir em $\beta_s = \lambda/2L$ tem-se que $\beta_s = d/2R$. A resolução em azimute (r_A) a uma distância em alcance R torna-se então: $r_A = R\beta_s = d/2$.

Três são as implicações relevantes para esse resultado: a largura do feixe sintético β_s não é mais função de λ; a resolução em azimute passa a ser independente da distância em alcance R; e a resolução espacial pode ser melhorada com uma diminuição da dimensão d da antena, o que contrasta fortemente com a resolução em azimute em um RAR.

Entretanto, duas observações são pertinentes sobre esse resultado. Primeiramente, é preciso considerar que o imageamento SAR é afetado pela relação sinal/ruído (*signal-to-noise ratio*, SNR). Uma antena diminuta não possibilitaria a iluminação dos alvos no terreno com energia suficiente. Assim, limites em pico de potência máximo e em valor

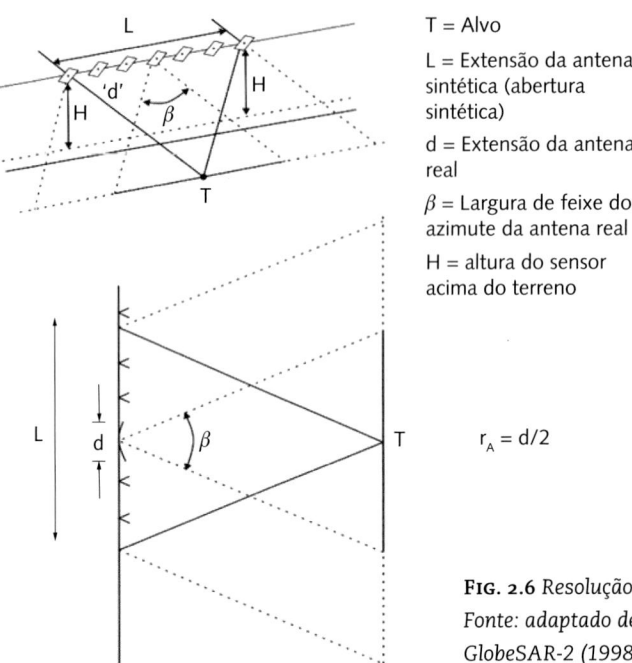

FIG. 2.6 *Resolução em azimute em um SAR*
Fonte: adaptado de ProRadar (1997) e GlobeSAR-2 (1998).

mínimo de SNR resultam que uma antena no SAR não pode ser menor que uma dada dimensão. Em segundo lugar, um SAR não opera com sinal retroespalhado contínuo, mas sim segundo amostragem de acordo com a frequência de repetição do pulso (*pulse repetition frequency*, PRF) do sensor. Como consequência, para que se tenha a máxima resolução em azimute, é necessária uma taxa elevada de emissão de pulsos. Para tanto, usa-se um critério de amostragem (critério de *Nyquist*) segundo o qual o sistema deve registrar uma amostra (pulso) correspondente ao deslocamento equivalente à metade do comprimento físico da antena, ou metade de sua resolução em azimute (Elachi, 1988).

A outra dimensão da célula de resolução da amostragem do sinal retroespalhado (Fig. 2.4) refere-se à resolução espacial em range (r_R). A capacidade de um SAR discriminar dois alvos distintos na direção em range depende do tempo T requerido pelo sinal para a trajetória de ida e volta da antena ao alvo na dimensão ortogonal à trajetória (*across-track*). A representação de T é dada por: T = 2R/c, onde R é a distância em range, c é a velocidade da luz e o fator 2 está relacionado com a trajetória de ida e volta do sinal.

A resolução em range de um sistema *Side-Looking Airborne Radar* (SLAR) é determinada pela largura ou duração do pulso emitido e é dada por: $r_R = c\tau/2$, que, quando projetada no terreno ao longo da faixa imageada (*swath*), é descrita por: $r_R = c\tau/2\,\text{sen}\,\theta$, onde θ é o ângulo de incidência. Assim, a resolução em range é determinada pela largura ou duração do pulso τ e pela incidência. O ângulo de incidência é formado pelo feixe e pela superfície, o qual aumenta do início (*near-range*) para o final da faixa imageada (*far-range*). Dessa relação fica claro que a resolução em range é melhor para incidências maiores.

Segundo as considerações anteriores, para se ter boa resolução em range, a duração do pulso deve ser a mais estreita possível, o que exige uma potência de pico muito alta do transmissor. Para contornar esse problema, foi desenvolvida a técnica de compressão de pulso, ou seja, transmitem-se pulsos mais longos modulados linearmente em frequência, os chamados *chirps*, com largura de banda B_p. Esses pulsos são emitidos em uma dada frequência de repetição ou PRF, mas com uma potência mais baixa. O sinal retroespalhado do *chirp* passa por um processo de compressão de pulso que resulta em uma resolução em range equivalente à de um pulso estreito e que não depende mais da largura do pulso, sendo representado por:

$$r_R = c\,/\,2B_p\,\text{sen}\,\theta \tag{2.6}$$

É importante realçar que um SAR detecta a energia retroespalhada de uma célula de resolução tridimensional no espaço iluminado, descrita pelas dimensões em resolução espacial (alcance × azimute) e pela altura através do padrão de iluminação vertical da antena (Fig. 2.4). A iluminação é caracterizada por pulsos de micro-ondas monocromáticos transmitidos, com frentes de fase estruturada, que podem ser representadas como superfícies esféricas centradas no sensor. Quando o campo elétrico da iluminação interage com o alvo, são induzidas cargas elétricas na superfície e correntes elétricas em seu interior. As características dessas interações são controladas pela polarização da onda emitida (orientação do vetor campo elétrico da radiação emitida), pela permissividade elétrica complexa, pela forma/geometria do alvo e pela orientação do alvo em relação à antena. No interior dessa célula de resolução, cada espalhador individualmente ou a contribuição de espalhamentos múltiplos produzirão ondas com componentes de respostas para todas as direções. Todos os espalhadores contribuirão ao sinal de retroespalhamento final, que pode ser descrito como uma adição vetorial das respostas individuais (Livingstone; Brisco; Brown, 1999). De modo simplificado, a quantidade de energia que é transmitida, refletida ou absorvida é fortemente influenciada pelas características elétricas do alvo. Já a orientação das respostas retroespalhadas que atingirão a antena é função das características geométricas e da rugosidade superficial do alvo. A rugosidade superficial tratada neste texto envolve os conceitos de macrotopografia e microtopografia. A macrotopografia está relacionada com respostas controladas pelas mudanças decamétricas do declive topográfico (ondulações do terreno) ou da altura do alvo com dimensão de no mínimo duas vezes a resolução espacial do sensor. O retroespalhamento presente em uma imagem SAR pode também estar associado ao atributo textural dos alvos imageados. A microtopografia está ligada às variações de relevo topográfico na escala centimétrica (λ do SAR) e estaria associada com a tonalidade da célula de resolução.

Através de técnicas de processamento do sinal recebido, a intensidade (amplitude) e a fase de cada célula de resolução são extraídas e representadas numericamente na forma de um número complexo. A informação da amplitude indica quanto o alvo reflete da iluminação, e a da fase, quão distante o alvo se encontra da antena. Se alvos apresentam respostas que mudam durante intervalos de observação, a fase relativa do sinal retroespalhado mudará e essa detecção é a base para a interferometria de radar. Em síntese, uma imagem SAR é representada por uma matriz de números complexos, definidos por valores de amplitude e fase. É importante realçar que os conceitos de resolução espacial e tamanho de *pixel* são distintos em um SAR. Um *pixel* corresponde à localização de uma amostra digital, e não a uma área específica na cena imageada. De acordo com o teorema de amostragem de Nyquist, a transformação do valor do sinal retroespalhado recebido no sensor para o formato digital implica a atribuição de pelo menos quatro *pixels* para uma célula de resolução. Também, sendo um SAR um sistema coerente em fase, ocorre um fenômeno de interferência denominado *speckle*, relacionado a componente de ruído tanto na amplitude quanto na fase no dado complexo (Raney, 1998). Finalmente, é relevante lembrar que sinais de micro-ondas podem atravessar a atmosfera sem perda relevante do sinal, permitindo a versatilidade de imageamento diurno-noturno, bem como em condições ambientais adversas (nuvens, chuvas, fumaça). Esses dois atributos são fundamentais para o uso do SAR no mapeamento de recursos naturais renováveis e não renováveis e na detecção de mudanças em ambientes tropicais úmidos, particularmente no monitoramento de deformações no terreno pela interferometria diferencial, que requer uma série temporal de aquisição sistemática de imagens.

2.4 Medidas do retroespalhamento de radar

O retroespalhamento de uma área (alvo) varia em função de condições distintas, tais como geometria de aquisição (ângulos de observação), tamanho dos espalhadores, rugosidade superficial (macro e microtopografia), características elétricas (particularmente, o conteúdo de umidade), λ e polarização do sinal de radar. A equação de radar para um pulso relacionada à potência recebida na antena, com parâmetros do sistema e do alvo, é descrita como:

$$P_r = \frac{P_t G_t}{4\pi R^2} \sigma_{rt} \frac{A_r}{4\pi R^2} \qquad (2.7)$$

em que:
P_r = potência recebida na antena com polarização r;
P_t = potência transmitida com polarização t;

G_t = ganho da antena transmissora, na direção do alvo, em polarização t;
R = distância entre o sensor e o alvo (*slant-range*);
σ_{rt} = secção cruzada de radar (*radar cross-section*), que corresponde à área que intercepta a quantidade de potência em polarização t a qual, quando espalhada isotropicamente, produz um eco em polarização r, igual ao observado do alvo;
A_r = área efetiva de recebimento do sinal retroespalhado na antena em polarização r.
O fator $1/4\pi R^2$ está relacionado ao espalhamento isotrópico do sinal.

O primeiro termo da equação define a radiação eletromagnética transmitida, focada pela largura do feixe angular pela antena transmissora e recebida no alvo, multiplicada pela secção cruzada de radar σ de um objeto refletor perfeito no qual a energia incide. Esse termo indica a quantidade total de energia eletromagnética, ou potência, espalhada pelo alvo. A secção cruzada de radar (σ_{rt}) é a qualidade refletiva básica de um radar imageador, que define o grau de visibilidade de um objeto ou alvo, ou seja, sua capacidade de ser detectado pelo retroespalhamento de energia suficiente na antena do radar. Considerando-se que a maioria das aplicações com radar imageador nas Geociências envolve alvos com áreas normalmente muito maiores que a resolução espacial do sensor, é conveniente definir o retroespalhamento de radar em termos da secção cruzada de radar por unidade de área. Isso pode ser feito integrando o retorno de sinal de cada área diferencial sobre a área iluminada. A secção cruzada diferencial da área de um alvo é conhecida como coeficiente de retroespalhamento de radar, dado pela relação:

$$\sigma_n^0 = \sigma_n / a^2 \qquad (2.8)$$

Isto é, o coeficiente de retroespalhamento de radar (σ_n^0) de um alvo é igual à sua secção cruzada de radar dividida pela sua área física a^2 no plano horizontal. Assim, o coeficiente de retroespalhamento é medido em unidades de área (por exemplo, metros quadrados). Em síntese, o brilho em uma imagem SAR é função da potência transmitida, do ganho em ida e volta da antena, da distância R (*slant-range*), do ângulo de visada da iluminação e da secção cruzada de retroespalhamento, ou refletividade da superfície (alvo), controlada pelo seu ângulo de incidência local. Essa influência da incidência local será discutida posteriormente.

O retroespalhamento de um alvo varia segundo várias condições, como a geometria de aquisição (ângulo de observação), suas características geométricas (dimensão dos espalhadores, macrotopografia, microtopografia, orientação e forma) e elétricas (particularmente o teor de umidade), bem como o comprimento de onda e a polarização utilizada. *Pixels* numa imagem SAR exibindo valores elevados de amplitude correspondem a alvos com valores elevados de secção cruzada de retroespalhamento. De modo a obter medidas independentes da resolução espacial da imagem e do tamanho do *pixel*, o conceito de secção cruzada de radar normalizada tem sido frequentemente utilizado. O valor em decibéis (dB) é denominado de sigma zero (σ^0) e é dado pela relação:

$$\sigma^0 = 10 \log_{10} \frac{\sigma_{rt}}{A_{rt}} \qquad (2.9)$$

O uso de uma escala logarítmica é mais conveniente que uma linear devido à grande variação dos valores de secção cruzada de radar em uma típica cena SAR. Valores de σ^0 podem variar de −40 dB a +5 dB ou mesmo maior, atingindo até cinco ordens de magnitude. Tipicamente, a área de referência na equação anterior é aquela de uma célula de resolução em um terreno plano, e seu valor pode mudar do *near-range* para o *far-range*, em função do ângulo de incidência local do feixe de iluminação.

2.5 Distorções geométricas e macrotopografia

A natureza de um SAR de iluminar o terreno sob o ponto de vista oblíquo causa distorções geométricas específicas nas imagens. É importante observar que essas distorções são distintas das que ocorrem com sensores ópticos, que operam com visadas próximas ao nadir ou mais verticais. Por exemplo, no caso de um SAR, as distorções geométricas no plano de imagem são causadas pela elevação do alvo e aumentam em direção da antena, enquanto em um sistema óptico aumentam a partir da projeção em nadir do sensor para fora. Duas denominações de projeções são importantes nesse assunto: em alcance inclinado (*slant-range*) e no terreno (*ground-range*). O intervalo de tempo entre a transmissão do sinal e a recepção do seu retorno de cada ponto no terreno dentro da área iluminada é uma medida direta da distância da antena a cada um desses pontos particulares. O plano no qual essas distâncias de medidas são projetadas é denominado de alcance inclinado. Na representação de alcance no terreno, as posições dos mesmos pontos no terreno são determinadas pelas distâncias horizontais do nadir do sensor aos pontos. As distorções inerentes no imageamento SAR são denominadas de encurtamento de rampas (*foreshortening*), inversão de relevo (*layover*) e sombreamento. Na Fig. 2.7, pontos igualmente espaçados na direção de alcance no terreno (*ground-range*) para topografia acidentada podem corresponder a pontos com espaçamentos diferentes na projeção de alcance inclinado (*slant-range*). Na projeção em alcance inclinado, há variações na escala da imagem, com distorções diminuindo do *near-range* para o *far-range*, enquanto na projeção em alcance no terreno não há variação de escala na imagem. Obviamente, como a topografia, através da variação do ângulo de incidência local, influencia essas distorções, a correção geométrica de uma imagem SAR para superfícies não planas deve ser feita com o uso de um modelo digital de elevação através da ortorretificação. Detalhes sobre esse assunto podem ser vistos em Oliveira (2011).

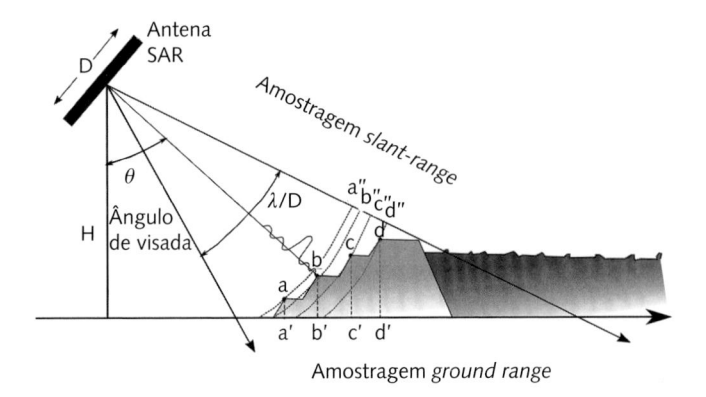

FIG. 2.7 *Exemplo de distorção geométrica em taludes de barragem de rejeito. Pontos projetados com mesmo espaçamento em amostragem no terreno ou ground-range (a', b', c', d'), para topografia não plana, podem corresponder a pontos com espaçamentos distintos na amostragem em alcance inclinado ou slant-range (a", b", c", d"), com compressão aumentando do far-range (d") para o near-range (a"). Todos os pontos que apresentam mesmo retorno caem em um mesmo círculo. A área associada a cada elemento de resolução espacial na imagem SAR não é constante e depende da incidência local. Rampas frontais à iluminação são comprimidas e rampas distais são estendidas, desde que não estejam em áreas de sombreamentos de radar (oclusas)*

A rugosidade é um dos principais atributos do alvo que interfere na intensidade do retroespalhamento. De acordo com Dierking (1999), a morfologia da superfície pode ser convenientemente modelada em três diferentes regimes de rugosidade, denotados como macrotopografia (topografia de grande escala), microtopografia (microrrelevo) e uma região de escala intermediária entre esses dois regimes. A macrotopografia está relacionada com mudanças decamétricas do declive topográfico (ondulações do terreno) ou da altura do alvo com dimensão de no mínimo duas vezes a resolução espacial do sensor. Em uma imagem SAR, estaria associada ao atributo textural (arranjos de tonalidade de células de resolução) e é controlada por estruturas geológicas, feições erosionais e geomorfologia da superfície. Já a microtopografia compreende variações em altura e no comprimento das ondulações comparáveis ao comprimento de onda do SAR. Os impactos da topografia de escala intermediária ainda não são bem conhecidos, no entanto é sabido que interferem tanto nas características de espalhamento de pequena escala quanto no padrão de retroespalhameto associado às unidades topográficas de maior escala.

Esse intervalo de variação da rugosidade da superfície determina a intensidade e o tipo (simples ou múltiplo) do espalhamento do sinal de radar. A intensidade do retroespalhamento é também dependente do ângulo de incidência local definido no alvo pelo feixe de energia incidente com a normal da superfície. Esse ângulo de incidência local é função da inclinação e do ângulo de orientação das facetas do terreno voltadas para o sensor, em condições de dimensões bem maiores que o comprimento de onda. Consequentemente, variações espaciais do ângulo de incidência local são bem controladas pelas feições topográficas de maior escala.

Os deslocamentos topográficos de macrotopografia em uma imagem SAR, causando efeitos conhecidos como encurtamento de rampa e inversão de relevo, podem ser sintetizados pelas relações entre incidência e declividade. Dois termos merecem melhor compreensão. Na literatura, tem sido utilizada a relação angular entre o feixe de radar e a perpendicular (ortogonal) na superfície como o ângulo de incidência nominal (θ_i), que é medido no alvo. No caso de uma superfície plana, o ângulo de incidência é geralmente complementar ao ângulo de depressão (Fig. 2.8). Outro termo, que é realmente o mais importante, refere-se ao ângulo de incidência local (θ_{loc}), que é medido no alvo entre o feixe de iluminação e a linha perpendicular à declividade (α_i) da rampa frontal (normal ao plano tangente naquele ponto do terreno). Assim, tem-se a relação $\theta_{loc} = \theta_i - \alpha_i$ e, portanto, $\theta_{loc} = \theta_i$ quando a superfície é plana. A presença de encurtamento de rampa frontal (*foreshortening*) ocorre quando $\alpha_i < \theta_{loc}$, com máximo efeito quando a declividade é ortogonal ao feixe incidente. Nessa situação, $\theta_{loc} = 0$, e a base e o topo da rampa são imageados simultaneamente e ocuparão a mesma posição no plano de alcance inclinado. Com o uso de imagens com geometria de incidências maiores, os efeitos de encurtamento de rampas frontais são reduzidos progressivamente. Já a inversão de relevo (*layover*) ocorre sempre que $\alpha_i > \theta_{loc}$. Por último, merece ser citado o efeito de sombreamento nas imagens SAR, que acontece na rampa reversa à iluminação quando o feixe de radar não é capaz de iluminar a superfície. O sombreamento pode estar associado com feições topográficas positivas ou negativas e ocorre quando a declividade da rampa reversa é maior que o ângulo de depressão (medido no sensor), causando áreas sem retorno de sinais (zonas oclusas).

Da discussão anterior fica evidente que o controle da incidência é importante para o realce de alvos no terreno. A orientação da declividade do terreno em relação à direção de visada (ângulo azimutal) e o ângulo de incidência local são os mais importantes parâmetros do terreno que influenciam o retorno de sinal. Em áreas com relevo topográfico proeminente, os efeitos da orientação e da incidência local tendem a suprimir a influência de outros parâmetros do terreno, descritos pela rugosidade superficial de microtopografia e pelo teor de umidade.

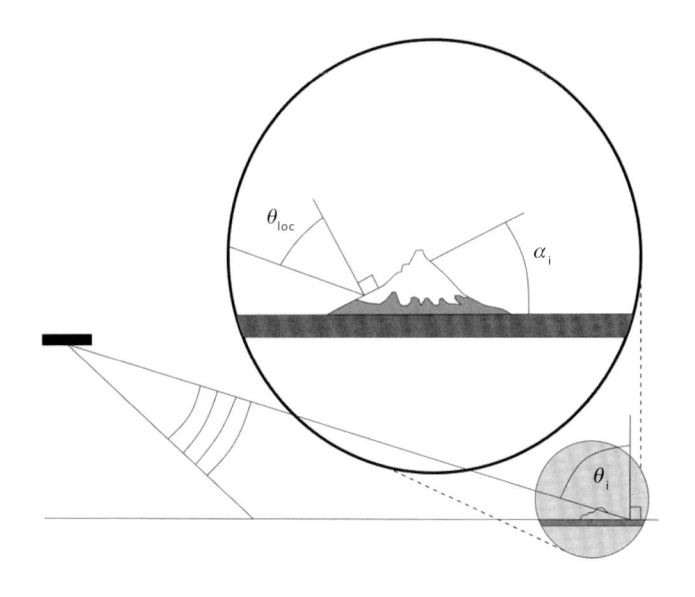

FIG. 2.8 *Relações entre incidência nominal (θ_i), incidência local (θ_{loc}) e declividade (α_i), causando as distorções geométricas de encurtamento de rampa frontal (foreshortening) quando $\alpha_i < \theta_{loc}$, seu máximo efeito quando $\alpha_i = \theta_{loc}$, e inversão de relevo (layover) quando $\alpha_i > \theta_{loc}$*
Fonte: adaptado de ProRadar (1997) e GlobeSAR-2 (1998).

Com base no que foi apresentado, pode parecer que o imageamento SAR não representa a melhor alternativa para uso em áreas de grande variação topográfica, já que os efeitos de encurtamento de rampas, inversão de relevo e sombreamento podem comprometer a capacidade de obtenção de informação útil. Isso não ocorre por duas razões. Primeiro, os sistemas SAR atuais apresentam uma grande flexibilidade de variação de incidência para minimizar essas distorções geométricas. Em segundo lugar, cada ponto do terreno do planeta pode ser imageado por duas geometrias diferentes e complementares de direção de visada, devido ao tipo de órbita usado pelos sistemas SAR orbitais.

Todos os sistemas em operação no presente podem adquirir dados trafegando em órbitas quase-polar, com altitudes variando entre 500 km e 800 km sobre a superfície do planeta. O ângulo entre a direção Norte-Sul real e a órbita dos sistemas varia ligeiramente dependendo do SAR, mas em geral situa-se no intervalo de até 10°. Combinando-se a rotação da Terra e o traçado das órbitas dos sistemas SAR, toda a superfície do planeta pode ser iluminada por duas geometrias diferentes de direção de visada. Assumindo-se um satélite que trafegue em órbita descendente (trajetória do Norte para o Sul) e opere no modo de visada à direita da trajetória, um alvo no terreno será iluminado em visada para oeste. Em condições de órbita ascendente (trajetória do Sul para o Norte), a iluminação do mesmo alvo ocorrerá em visada para leste. Em síntese, sob latitudes equatoriais, o azimute de visada dos principais SAR orbitais é próximo a 80° para órbitas ascendentes e 280° para descendentes. Para um dado azimute de visada, feições topográficas ortogonais ± 20° à direção de iluminação serão realçadas e ± 20° paralelas à iluminação podem não ser detectadas. Imagens tomadas em órbitas opostas conterão informações complementares. Assim, ao se tratar de uma área de interesse de topografia acidentada, a utilização de aquisições com azimutes de visadas opostas permite cancelar os efeitos indesejáveis de encurtamento de rampas, inversão de relevo e sombreamento de uma aquisição pela variação da geometria de iluminação. A topografia plana é realçada sob baixa incidência e terrenos montanhosos são realçados sob elevada incidência.

A flexibilidade de variação da incidência e da direção de visada é crítica no imageamento de alvos de interesse da mineração de que trata este texto. No caso do monitoramento de estabilidade de minas a céu aberto, como as de minério de ferro de Carajás, em função da geometria, posição do corpo de minério e sua relação com as rochas encaixantes (estéril), as cavas podem alcançar grandes dimensões, com geometria de corte mostrando um ângulo global do talude (crista ao pé da mina) com muita inclinação. Assim, o uso de imageamentos sob condições de elevada incidência torna-se necessário, e, para minimizar os efeitos de sombreamentos, visadas opostas devem ser consideradas. Visadas opostas também permitem a obtenção dos vetores puros de componentes vertical e horizontal na A-DInSAR, que ampliam a caracterização e a compreensão da cinemática deformacional, como será visto posteriormente. Por fim, no caso de barragens de rejeitos minerais, é importante analisar as orientações geográficas do seu dique principal ou barramento e dos diques auxiliares, que são estruturas construídas com a função de conter os rejeitos, em relação às duas opções de visadas (ascendente ou descendente), com resultados melhores sendo obtidos quando a direção de visada é orientada de modo mais perpendicular às estruturas da barragem.

2.6 Microtopografia

Quando a energia incide na superfície de um alvo, ela é sujeita a espalhamento, reflexão e absorção. Esses processos incluem espalhamento da superfície, espalhamento volumétrico e de Bragg, reflexão especular, retroespalhamento de volta à antena e atenuação do sinal incidente dentro de camadas de espalhadores difusos. Assim, a quantidade de energia retroespalhada de micro-ondas depende das propriedades da superfície e da umidade. A rugosidade superficial de microtopografia está ligada às variações de heterogeneidades do terreno topográfico na escala centimétrica (λ do SAR), assumindo pouca influência do ângulo de incidência local, ou seja, a microtopografia pode modular o retroespalhamento sob condições de relevo plano. Em termos descritivos, a microtopografia é representada pelas variações estatísticas do componente aleatório da altura de superfície relativa a um *datum* de referência na superfície. A altura média das irregularidades da superfície pode ser assumida como uma aproximação da superfície de microrrelevo dentro de uma dada resolução espacial e varia de acordo com o λ e a incidência do feixe de iluminação. Superfícies podem, assim, ser caracterizadas por três classes de microtopografia: lisas, rugosas e intermediárias. O radar imageador é o único sistema de sensoriamento remoto que é sensível à variação de microtopografia de uma superfície. Em uma imagem SAR, ela responde pela tonalidade da célula de resolução e é controlada por mecanismos de espalhamento superficial e volumétrico da associação "rocha + solo + vegetação". Pequenas mudanças angulares sob pequena incidência (menores que 25°) resultam em grandes variações de retroespalhamento para terrenos planos. Vários critérios estatísticos têm sido descritos na literatura para a microtopografia. Um dos mais usados é o de Peake e Oliver (1971), que estabelece que uma superfície será considerada lisa quando o erro médio quadrático da altura $(H_{rms}) \leq \lambda/25 \cos\theta$ e será rugosa quando $H_{rms} \geq \lambda/4 \cos\theta$, e superfícies com H_{rms} entre lisas e rugosas serão consideradas intermediárias. Uma superfície lisa reflete a energia incidente em um ângulo igual e oposto à incidência, em um comportamento descrito como especular. Como a energia refletida é dirigida para fora da recepção da antena, a assinatura correspondente na cena é de baixa intensidade (escura).

Uma superfície rugosa dispersa a energia incidente em vários ângulos e o sinal é espalhado, e não mais refletido, fornecendo uma resposta com retorno do eco para a antena, com assinaturas mais intensas conforme aumenta a rugosidade em relação ao λ usado. Dessa forma, superfícies de rugosidades de microtopografia distintas podem ser discriminadas através de assinaturas angulares de rugosidade superficial (Fig. 2.9). É importante realçar que a mesma superfície pode ser "vista" com diferentes rugosidades de microtopografia dependendo do λ do SAR. De modo geral, SARs operando com λ pequenos (bandas X e C) tendem a ser mais sensíveis a pequenas variações de microtopografia, enquanto aqueles com λ maiores (bandas L e P) tendem a "ver" os alvos como mais lisos. Em geral, quanto mais rugosa for a superfície, maior será o seu coeficiente de retroespalhamento. Da mesma forma, quanto maior for a incidência, mais lisa a superfície irá se comportar, e maior será o seu coeficiente de retroespalhamento, independentemente do λ usado. Um bom exemplo da aplicação de rugosidade superficial com dados SAR distintos na discriminação de lateritas mineralizadas em ferro em Carajás pode ser visto no trabalho de Silva (2010).

Na finalização desta seção e atendo-se aos propósitos do livro, dois tópicos merecem discussão. O primeiro refere-se aos mecanismos de espalhamento de alvos pontuais especiais em interferometria, descritos pelos refletores diédricos e triédricos, que são muito comuns em atividades de mineração. Assim, duas superfícies planas, dispostas formando um ângulo entre elas próximo a 90°, constituem um refletor diédrico. Se as duas superfícies tiverem comportamento liso em relação ao λ do sensor (por exemplo, a lâmina de água em uma barragem hídrica e seu dique de contenção), elas criarão duas reflexões especulares sucessivas (efeito *double-bounce*), resultando em um forte coeficiente de retroespalhamento da estrutura, particularmente quando orientada ortogonalmente à iluminação. Caso se adicione um terceiro

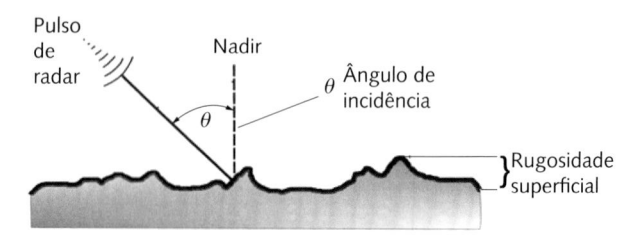

FIG. 2.9 *Discriminação de diferentes superfícies através de suas assinaturas angulares de rugosidade superficial de microtopografia, considerando-se condições de relevo plano Fonte: adaptado de Ford et al. (1986).*

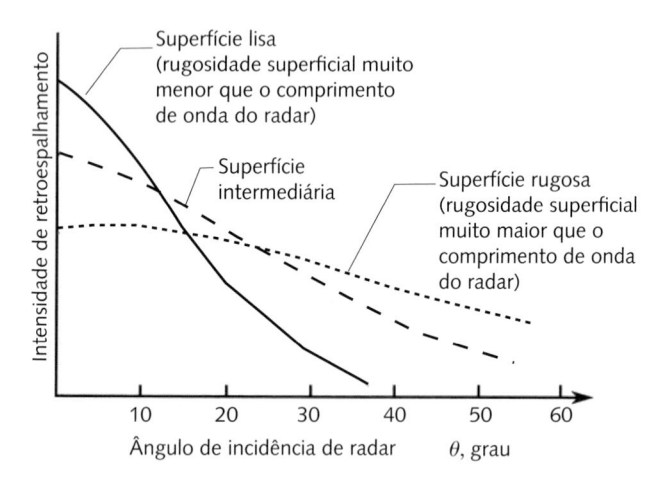

plano ao refletor diédrico, disposto ortogonalmente às duas superfícies anteriores, o resultado será um típico refletor triédrico, também chamado de *corner-reflector* (refletor de canto). Esse tipo particular de reflexão é muito comum em cenários urbanos, com paredes verticais e superfícies horizontais, ou, generalizadamente, em estruturas de construções antrópicas. Tais refletores são muito visíveis em imagens SAR e em mineração estão associados com alvos como torres de energia, diques de barragens, correias transportadoras de minério e obras de infraestrutura geral do empreendimento. Refletores diédricos, e particularmente os triédricos, podem ser dispostos artificialmente no terreno para fins variados (calibração radiométrica de cenas, georreferenciamento, pontos de referência indicativos de estabilidade na abordagem A-DInSAR etc.). É importante ressaltar que as respostas de retroespalhamento provenientes de refletores diédricos ou triédricos atingem a antena receptora em fase. Em outras palavras, os valores de fase do sinal recebido dependem basicamente da distância entre o sensor e o eixo do diedro ou o vértice do triedro.

Um segundo mecanismo importante de interação energia-matéria refere-se ao espalhamento volumétrico, que está relacionado aos processos múltiplos de espalhamento dentro de um alvo (dossel vegetal de cobertura florestal, cultura agrícola, descontinuidades de camadas litológicas etc.). O espalhamento volumétrico indica a grande capacidade do imageamento do radar em penetrar além da superfície de descontinuidade do alvo, provendo medidas das características elétrico-geométricas de seu meio interior. A intensidade do espalhamento volumétrico depende das propriedades do alvo (dimensões dos espalhadores, teor de umidade etc.) e das características do sensor (λ, polarização e incidência). Em geral, quanto maior o λ usado, mais intensa a penetração no alvo, portanto efeitos de espalhamento volumétrico são mais comuns em SAR operando em banda L que em banda X. Alvos caracterizados por espalhamento volumétrico não são adequados em abordagens interferométricas, posto que suas assinaturas de radar são muito sensíveis à variação da incidência da iluminação e o espalhamento volumétrico de áreas de cobertura vegetal é muito afetado por mudanças temporais no retorno do sinal, devido à ação de ventos ou de outras fontes de deslocamento dos espalhadores do alvo, impedindo a comparação do atributo de fase em tempos distintos.

Cabe mencionar um fator fundamental que possibilita o uso da tecnologia DInSAR na indústria da mineração, particularmente com minas a céu aberto. Como essa atividade está normalmente associada com superfícies expostas ou com pouca cobertura vegetal de rochas e seus produtos de alteração (solos), casos dos taludes de cava, de pilhas de estéril, de barragens de rejeitos, de barragens hídricas etc., espalhadores com coerência interferométrica são passíveis de detecção, permitindo assim extrair medidas de deformação do terreno, mesmo em épocas de maior precipitação, como será discutido nos exemplos do livro.

2.7 Características elétricas dos materiais

Este é um tópico de grande confusão em radar imageador, particularmente o termo constante dielétrica, que tem sido usado de diferentes formas na literatura. A opção que assumimos é o tratamento de Woodhouse (2006), em que três termos caracterizam as propriedades eletromagnéticas de um material: a permissividade elétrica (ε), a condutividade elétrica (g) e a permeabilidade magnética (μ). Em se tratando de uso de SAR, somente o primeiro termo é o importante. Dessa forma, em um meio material deve ser usado o termo permissividade elétrica relativa (ε_r), para diferenciar da permissividade elétrica no vácuo (ε_0), sendo formalmente descrito na forma complexa como $\varepsilon_r = \varepsilon'_r - i\varepsilon''_r$, onde ε'_r é a parte real e $i = \varepsilon''_r$ é a parte imaginária (e $i = \sqrt{-1}$). A confusão surge quando se usa de modo generalizado constante dielétrica para descrever as propriedades elétricas dos materiais e como interferem no retroespalhamento dos alvos.

De modo mais rigoroso, a constante dielétrica, que é uma grandeza adimensional, deve ser reservada para a descrição da parte real da permissividade elétrica complexa, isto é, ε'_r. Essa parte real é importante ao tratar de aplicação de SAR e varia normalmente de 1 a 80, sendo que, para a grande maioria dos materiais naturais que ocorrem na superfície do planeta, os valores de ε'_r situam-se no limite inferior desse intervalo. No caso do ar, $\varepsilon'_r \approx 1$. A parte imaginária ε''_r da permissividade elétrica complexa descreve a perda de energia (atenuação) quando as ondas eletromagnéticas se propagam em um meio. De modo geral, a constante dielétrica dos materiais não depende muito do λ, mas o contrário ocorre com a atenuação (quanto menor o λ, maior a atenuação por área iluminada). Assim, esses dois termos da permissividade elétrica complexa descrevem as propriedades elétricas de materiais da superfície e, portanto, influenciam a capacidade dos materiais de absorver e refletir a energia em micro-ondas. Micro-ondas não se propagam em material condutor porque o componente do campo elétrico induz correntes no material que resultam em dissipação de energia da onda. Uma superfície de metal polida é, portanto, um bom refletor de ondas eletromagnéticas, incluindo micro-ondas. Já os materiais sólidos mais comuns da natureza são considerados não condutores ou dielétricos. Materiais com constante dielétrica elevada normalmente representam superfícies com forte sinal refletido, devido ao fato de a energia de radar incidente ser em grande parte refletida em razão da grande diferença entre o meio de propagação e a superfície, com pouca energia sendo absorvida.

Um exemplo clássico é a água, normalmente com valores muito altos de constante dielétrica complexa ($\varepsilon'_r \approx 80$). Isso explica por que, em situações de superfícies com pouca rugosidade, lisas, e sem a ocorrência de ventos, corpos de água como barragens e lagos apresentam comportamento especular, já que ocorre pouca penetração da energia (alguns milímetros de profundidade) devido à grande descontinuidade de valores de constante dielétrica entre os meios ar e água. Como consequência, a quase totalidade da energia incidente é refletida, resultando em pouco retorno de retroespalhamento. Para rochas e solos secos, os valores de ε'_r são relativamente baixos, na ordem de 3 a 8. Diferentes unidades litológicas ou pedológicas possuem capacidade variável de armazenar água, sendo que meios porosos retêm mais umidade que rochas e seus produtos de alteração mais densos. Dessa forma, o teor de umidade de rochas e solos tem um efeito significativo na capacidade de penetração da radiação de micro-ondas. Valores muito baixos de constante dielétrica permitem que sinais de radares operando com λ maiores penetrem em grande profundidade, e a efetiva penetração em materiais superficiais aumenta com λ. Em condições áridas do deserto do Saara, por exemplo, a penetração na cobertura sedimentar com valores de constante dielétrica muito baixos atinge mais de 1 m de profundidade com imageamentos do SIR-A operando em banda L. Contudo, na presença de água, produtos de alteração de rochas e solos úmidos podem atingir valores de constante dielétrica próximos de 80 e, assim, produzem um aumento notável da refletividade do sinal de radar. A diferença de respostas de retroespalhamento entre duas superfícies de produtos de alteração de rochas e solos, de composição material e rugosidade muito similares, pode ser indicativa de diferenças de propriedades elétricas ligadas ao teor de umidade.

2.8 Representação dos dados e ruído speckle

Como discutido anteriormente, a cada célula de resolução de uma imagem SAR é atribuído um valor complexo da informação resultante do somatório vetorial da amplitude (A) e da fase (Φ) do sinal da área no terreno correspondente à célula amostrada. A refletividade final observada é o resultado de uma soma coerente de muitas reflexões independentes dentro da célula de resolução. Cada reflexão individual pode ser representada por um vetor (*phasor*), com um comprimento (amplitude) e um ângulo (fase). Esses vetores combinam-se em uma soma vetorial final que representará a refletividade. A soma é caracterizada por um número complexo $Z = I_{xy} + iQ_{xy}$ para uma posição na cena (x,y). A imagem no seu formato mais básico é denominada SLC (*Single Look Complex*), gerada do dado de sinal original usando parâmetros auxiliares da aquisição e do sistema de processamento. A SLC é uma imagem digital formada por uma matriz de números complexos, com as distâncias de alcance, amplitude e fase preservadas, e é o tipo de representação normalmente utilizado para fins de avaliação da qualidade do dado SAR, de calibração radiométrica e de aplicações interferométricas. Nesse tipo de imagem, a cada *pixel*, que corresponde a uma localização específica da amostragem digital aplicada no processamento, e não a uma área na cena, é atribuído um número complexo, sendo a parte real correspondente ao componente do sinal da fase (I = *in phase*) e a parte imaginária o componente do sinal em quadratura de fase (Q = *quadrature*). Pela Fig. 2.10, a extração do componente de amplitude (A) para um número complexo Z é dada pela seguinte relação trigonométrica: $A_{(z)} = (I_{(z)}^2 + Q_{(z)}^2)^{1/2}$. O componente de fase (Φ) pode ser obtido por $\Phi_{(z)} = \tan^{-1}(Q_{(z)}/I_{(z)})$. Os valores de amplitude dos *pixels* indicam quanto os alvos refletem de energia incidente, e os de fase, quão distantes do sensor se encontram (Fig. 2.11). As imagens SLC são representadas em níveis de cinza, normalmente em conjuntos de quatro *bytes* (32 bits): dois *bytes* para a parte real e dois *bytes* para a parte imaginária.

A principal fonte de ruído nas imagens SAR é devida ao fato de o sistema sensor utilizado ser coerente em fase, e, como resultado da superposição aleatória dos sinais refletidos por espalhadores individuais contidos na célula de resolução, um padrão de interferência denominado *speckle* é comum, aparecendo como uma modulação ruidosa na imagem de intensidade e como ruído da fase no dado complexo. O *speckle* é um ruído multiplicativo, e, em termos estatísticos, assumindo-se que em uma célula de resolução ocorram vários espalhadores individuais, de natureza idêntica e distribuídos aleatoriamente, a soma coerente dos sinais retroespalhados ocorreria segundo um processo

Q (quadratura)

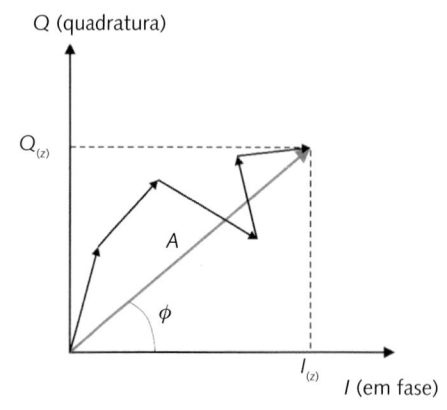

FIG. 2.10 *Representação de uma soma complexa de respostas de espalhadores individuais contidos em uma célula de resolução. O vetor resultante é descrito por seus atributos de amplitude (A) e fase (Φ)*

gaussiano, com fase variando uniformemente entre 0 e 2π, e a amplitude se ajustaria a uma distribuição Rayleigh (Raney, 1988). De modo geral, duas opções são utilizadas para atenuar os efeitos do ruído *speckle*: filtragens espaciais no domínio da imagem, ou seja, após sua geração, ou uso de dados processados originalmente em formato *multi-look*. Vários filtros espaciais estão disponíveis na literatura para a redução do ruído *speckle* (Lee, Frost, Kuan, Gamma, Touzi etc.). O processamento *multi-look* consiste na utilização de um número de subfeixes (diferentes porções do sinal original) obtidos da largura em azimute do feixe de iluminação, que são filtrados e que fornecem visadas independentes (*multi-looks*) da cena. Isso resulta em um número independente de imagens. A distribuição do *speckle* em cada imagem processada será agora independente, e, se as imagens forem somadas, a imagem resultante de intensidade terá reduzido o seu ruído. No caso onde N imagens independentes tenham sido formadas e sistematicamente combinadas (média), a variância do *speckle* é reduzida por um fator N, sendo que também a resolução espacial da imagem *multi-look* é degradada por um fator N. A imagem no formato SLC corresponde a 1-*look*, que é o formato contendo a máxima resolução espacial (azimute e alcance) do sistema sensor, mas contendo o ruído *speckle*.

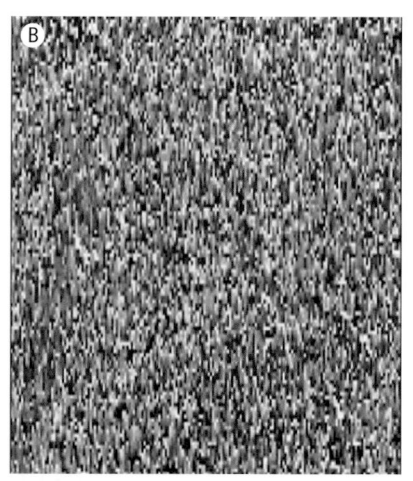

FIG. 2.11 *Imagens de (A) amplitude e (B) fase em módulo de 2π*

3

Histórico de radar e sistemas atuais

3.1 Sistemas PPI, RAR e SAR aeroportados

As décadas de 1920 e 1930 marcam os primórdios do desenvolvimento de sistema de radares operando em plataformas no terreno, por meio das pesquisas conduzidas por A. H. Taylor e R. Watson-Watt. Nesse sentido, é importante mencionar que data de abril de 1935 a concessão da primeira patente ao cientista escocês Watson-Watt para seu sistema de *Radio Detection and Ranging* (Radar), desenvolvido para a detecção e a localização de aeronaves através do envio de pulsos de micro-ondas. Nessas pesquisas iniciais, foram usados radares com λ de 10 cm e 25 cm. Outro marco na evolução tecnológica em radares imageadores ocorreu ainda na primeira metade do século passado, com o desenvolvimento nos Estados Unidos e na Europa dos radares *Plan Position Indicators* (PPI). Uma discussão pormenorizada dessa evolução pode ser encontrada em MacDonald (1979). Construídos para a detecção de alvos militares durante a Segunda Guerra Mundial, tais dispositivos de varreduras circulares operavam a bordo de aeronaves ou em plataformas no terreno. O feixe da antena era rotacionado em 360°, produzindo uma imagem circular do espaço ou da superfície imageada. A imagem era centrada na localização da antena. Nesse contexto, o ano de 1938 registra o primeiro imageamento de radar feito em aeronave, detectando ecos de navios numa distância de 10 milhas da antena do sensor. O mais sofisticado radar em aeronave foi o H2S, para uso bélico e muito utilizado na campanha dos aliados na Europa durante a Segunda Guerra. A rápida proliferação de sistemas de radar durante o período de guerra explica a causa dos códigos ainda hoje em uso, específicos às frequências empregadas pelos militares (bandas Ka, X, C, S, L e P).

A utilização da tecnologia nesse período inicial de desenvolvimento esteve restrita às aplicações militares. Contudo, foi observado que respostas de retroespalhamento controladas pela morfologia do terreno, pela cobertura vegetal e por atividades antrópicas (construções, edificações etc.), embora consideradas como ruído (*ground clutter patterns*) pelos analistas militares, suscitaram interesse de intérpretes civis pela associação de respostas de alvos naturais com padrões típicos. Essa percepção de potencial de uso na caracterização de alvos naturais teve como consequência lógica a grande expansão de desenvolvimento das aplicações. O imageamento do terreno com radar, obtido sob condições independentes da atmosfera e da iluminação solar, tornava-se assim atraente e alternativo ao imageamento óptico. Como era de se esperar de um sensor que fornecia informações principalmente controladas pela geometria do terreno, as primeiras aplicações com dados PPI foram dirigidas para fins cartográficos e geológicos.

Dunlap (1946) foi o primeiro a utilizar dados de radar em aplicações não militares, analisando imagens de alta resolução PPI na caracterização espacial da cidade de Nova York e da Ilha de Nantucket, nos Estados Unidos. Posteriormente, iniciou-se a comparação de imagens PPI com cartas topográficas do noroeste de Greenland, New Hampshire (Smith, 1948 apud MacDonald, 1979), e concluiu-se que as informações obtidas de radar excediam as informações nos mapas disponíveis. Essas conclusões foram submetidas à Agência de Levantamento Geológico dos Estados Unidos (USGS) e, dessa forma, outras agências governamentais norte-americanas passaram a utilizar imagens de radar em mapeamento topográfico.

Os primeiros relatos do uso de imagens de radar PPI em aplicações geológicas datam de meados da década de 1950 (Hofman, 1954; Feder, 1957 apud MacDonald, 1979). As pesquisas do primeiro se concentraram no desenvolvimento de chaves interpretativas de imagens PPI em comparação com elementos de fotointerpretação extraídos de fotos aéreas pancromáticas. Já a pesquisa de Feder, antecipando uma tendência atualmente muito comum, procurou explorar o potencial qualitativo e quantitativo de respostas de retroespalhamento das imagens. Suas conclusões indicaram que diferenças em padrões de retroespalhamento nas imagens de radar eram diagnósticas de variações na composição de materiais superficiais e da subsuperfície (solos e rochas), expressas por variações de atributos texturais.

Coincidentemente, junto com a desclassificação das imagens PPI do ambiente militar, iniciou-se o desenvolvimento do *Side-Looking Airborne Radar* (SLAR). Embora o conceito de SLAR fosse conhecido desde o final da década de 1940, foi somente na década seguinte que esse tipo de imageamento tornou-se operacional. O SLAR implicava inovação na geometria de imageamento do terreno, no sentido lateral à trajetória da aeronave. Nesse tipo de radar, uma antena gerava um feixe fino, paralelo e oblíquo à trajetória da plataforma, e tornava-se ideal para propósitos de vigilância e reconhecimento militar com maior segurança. Assim, na operação com um SLAR, uma faixa contínua do terreno era iluminada na direção do voo e a energia retroespalhada dos diferentes alvos era registrada por meio de tubos de raios catódicos. O desenvolvimento dos SLARs ocorreu de acordo com duas classes de sistemas distintos: (1) o SLAR de abertura real ou *Real Aperture Radar* (RAR), também conhecido como SLAR de força bruta ou não coerente (produz pulsos nos quais as fases são aleatórias), e (2) o SLAR de abertura sintética ou *Synthetic Aperture Radar* (SAR), que é um radar de radiação coerente, isto é, opera com ondas de banda de frequência única e fases dos ecos estatisticamente correlacionados e passíveis de medições. Cabe mencionar que o termo SLAR tem sido empregado de modo incorreto como sinônimo de RAR na literatura.

Durante a metade até o final da década de 1950, os principais sistemas de abertura real foram desenvolvidos pelas empresas Westinghouse, Texas Instruments, Motorola e Goodyear, sob contratos da Força Aérea e do Exército norte-americanos. Imagens desses sistemas, como o AN/APQ-56, na banda Ka (2 cm), e o AN/APQ-69, na banda X (3 cm), forneceram alguns dos melhores dados em qualidade usados por geocientistas no início da década de 1960. Em 1961, o Exército norte-americano iniciou o programa de desenvolvimento de um SLAR que incorporava a inovação de um interferômetro para a caracterização de modelos topográficos. Esse sistema, produzido pela Westinghouse na banda Ka (AN/APQ-97), foi posteriormente modificado em 1964 com a incorporação de um canal de polarização cruzada. A série de radares de abertura real AN/APS-94, operando na banda X, permaneceu classificada para uso civil até o início da década de 1970.

Enquanto prosseguia o desenvolvimento dos RARs, programas paralelos foram iniciados para a construção de SARs. A principal desvantagem do uso de RAR em aplicações era a limitação da resolução espacial em azimute (paralela à trajetória da aeronave) imposta pela dimensão da antena. O desenvolvimento do conceito de SAR por Carl Wiley, da Goodyear Aircraft Coorporation, ainda durante a década de 1950, superou essa limitação, e é considerado talvez o maior marco na evolução da tecnologia. O conceito da abertura sintética partiu da premissa de que um SLAR poderia ter sua resolução em azimute dramaticamente melhorada por meio da combinação de sinais recebidos pela antena à medida que o sensor se move ao longo da trajetória do voo. Pulsos de energia são transmitidos a cada posição do voo e os sinais são registrados, obtendo-se um histórico dos ecos. Como o sensor está em movimento em relação a um alvo de referência no terreno, os ecos são deslocados em frequência (*Doppler-shifted*) negativamente quando o sensor se aproxima do alvo e positivamente quando se afasta. Comparando-se as frequências deslocadas com uma de referência, tornou-se possível "focar" os ecos em um único ponto, aumentando de modo artificial, mas efetivo, o comprimento da antena que estaria imageando aquele ponto no terreno. Como consequência, é gerada uma antena longa sintética através do processamento do sinal, evitando-se o uso de uma antena longa real. Esse esquema permitiu o imageamento sob considerável resolução espacial na direção azimutal, independentemente do range (distância perpendicular à trajetória) e da dimensão física da antena. Além disso, nos imageamentos com SARs podiam ser usados comprimentos de onda maiores que os comuns aos RARs. O conceito de abertura sintética foi vital para o desenvolvimento do primeiro radar orbital de observação do planeta, em 1970.

De acordo com Fischer (1975), as maiores inovações com SARs foram obtidas nas décadas de 1950 e 1960 por quatro grupos norte-americanos: Goodyear Aircraft Corporation, Philco Corporation, Universidade de Illinois e Universidade de Michigan. O primeiro sistema SAR operacional foi o Goodyear AN/APQ-102, operando a bordo de uma aeronave DC-3, na banda X, com polarização HH e resolução espacial de 15 m. Outro SAR construído pelo Environmental Resource Institute of Michigan (ERIM), operando nas bandas X e L, foi melhorado posteriormente e transformado no SAR-580, sob acordo de cooperação e manutenção entre Canada Centre for Remote Sensing (CCRS), Intera Technologies e ERIM. A versão mais recente desse sensor SAR-580, instalada em aeronave Convair, foi usada em abril de 1992 na Amazônia, na campanha do SAREX 92 (*South American Radar Experiment*) simulando dados do RADARSAT-1 e do ERS-1.

Durante o período de 1965-1966, a Westinghouse, sob contrato da NASA e da USGS, recobriu uma larga área (500.000 km²) do território norte-americano. Esse imageamento na banda Ka (AN/APQ-97), com polarizações paralelas e cruzadas, resultou em um dos dados de melhor qualidade já produzidos para uso civil (Dellwig; Kirk; Walters, 1966). Datam também dessa época as pesquisas da Goodyear Aircraft Corporation na extração de informações geológicas com imagens SAR, analisando respostas de retroespalhamento para propósitos de mapeamento da superfície lunar e, mais importante, desenvolvendo um método para interpretação geológica (Rystrom, 1966 apud MacDonald, 1979).

Uma das maiores aplicações com o uso de radar imageador ocorreu no projeto *Radar Mapping of Panamá* (RAMP), em 1967. O sistema AN/APQ-97, da Westinghouse, forneceu imagens SLAR em múltiplas visadas de 17.000 km² da província de Darien. Essa região foi selecionada para propósitos de mapeamentos cartográficos, geológicos e florestais devido à cobertura perene de nuvens e à escassa disponibilidade de dados desses tipos na região. Apesar das tentativas nos 20 anos anteriores com recobrimentos ópticos, persistia o recobrimento incompleto da província. O imageamento necessário por radar foi finalizado com apenas 4 h de sobrevoos. O sucesso desse levantamento forneceu o ímpeto para que crescesse a demanda por aplicações com radares imageadores. No início de 1971, por exemplo, todo o território da Nicarágua foi coberto pelo SLAR da Westinghouse, com a produção de 47 mosaicos na escala 1:100.000.

O mais impressionante programa de levantamento por radar, contudo, ocorreu no Brasil com o projeto *Radar na Amazônia* (RADAM) e sua continuidade com o RADAMBRASIL. Após uma proposta inicial despretensiosa de levantamento de 44.000 km² na bacia do rio Tapajós, a área de recobrimento do projeto evoluiu para 1.500.000 km², depois para toda a Amazônia Legal e partes dos Estados de Maranhão, Piauí, Bahia e Minas Gerais (fase RADAM), e finalmente englobou o restante do território nacional (fase RADAMBRASIL). Os levantamentos para as fases RADAM e RADAMBRASIL aconteceram nos períodos de 1971-1972 e 1975-1976, respectivamente. O sistema de radar escolhido foi um SAR na banda X-HH construído pela Goodyear Aerospace Corporation (*GEMS-Goodyear Electronic Mapping System*). Esse sistema, instalado em aeronave Caravelle, operou a 11.000 m de altitude, com direção de voos predominantemente NS, e forneceu imagens de qualidade com resolução espacial aproximada de 16 m (range e azimute). Pela magnitude e importância desse projeto, uma síntese dessa saga pode ser vista em publicação de um de seus mais destacados participantes (Lima, 2008). As imagens SAR geradas nas duas fases do projeto serviram de base para o primeiro grande levantamento sistemático, na escala ao milionésimo, dos recursos naturais da Região Amazônica. Esses dados têm sido utilizados até hoje pela comunidade de usuários do país em diferentes aplicações.

Finalmente, outro importante evento no histórico do radar foi o projeto *Surveillance Satellite* (SURSAT), iniciado em 1977 pelo governo canadense. O SURSAT tinha como objetivo maior investigar se dados de radar imageador seriam adequados para propósitos de vigilância da Região Ártica. Durante os dois anos do projeto, o CCRS operou um radar imageador multibanda e multipolarizado, com a aquisição de imagens de aproximadamente cem experimentos. Esse esforço incluiu várias aplicações ambientais e de recursos naturais, além do desenvolvimento de *software* e *hardware* adequados à manipulação de uma taxa de dados extremamente elevada no processamento dos dados SAR. Essa mudança de armazenamento de dados do meio óptico para o registro digital trouxe, como consequência, um grande avanço nas técnicas de tratamento e processamento de dados, com a extração mais adequada da informação coletada. A primeira imagem digital processada de radar orbital foi obtida em novembro de 1978 pela empresa canadense MacDonald, Dettwiler & Associates (MDA) e foi fruto dessa iniciativa. Nesse contexto de dados orbitais, data de dezembro de 1972 o uso, pela primeira vez, de um radar no reconhecimento da superfície lunar, na missão Apollo 17. O sensor radar, denominado *Apollo Lunar Sounder Experiment*, tinha como objetivos a detecção e o mapeamento de estruturas geológicas de superfície e subsuperfície lunares através de respostas nas micro-ondas.

3.2 Missões SAR de recobrimentos não sistemáticos

Em contraste com o início encorajador na década de 1960, após a aprovação do Programa ERTS-A (atual Landsat) em 1967, a NASA não priorizou o sensoriamento remoto orbital com radares. O sucesso do lançamento do Landsat, em 1972, gerando imagens orbitais de modo repetitivo, de excelente qualidade e baixo custo, inibiu iniciativas nas micro-ondas, que só foram retomadas com o advento do SEASAT, em junho de 1978. O SEASAT é considerado um marco por ter sido o primeiro SAR orbital concebido para imagear o planeta, operando em banda L. Construído para o imageamento de mares e oceanos, durante seu breve período de três meses de operação, o SEASAT demonstrou a grande sensibilidade do radar às variações da topografia do terreno (macro e microtopografia) e da interface terra-água. Suas imagens foram usadas para caracterizar estruturas geológicas, umidade de solos e cobertura vegetal e para determinar o espectro direcional de ondas oceânicas e manifestações superficiais de ondas internas, movimentação de gelo na calota polar e outros temas de interesse nas Geociências. Sua geometria de observação, com visada fixa próxima ao nadir, mostrou-se ideal para a aquisição de respostas intensas de retroespalhamento do oceano, todavia produziu imagens com distorções geométricas severas em regiões com relevo mais movimentado (Fig. 3.1).

O SAR orbital que sucedeu o SEASAT foi o *Shuttle Imaging Radar-A* (SIR-A), lançado com grande expectativa em novembro de 1981, a bordo do ônibus espacial Colúmbia, da NASA, com imageamento suborbital (225 km de altitude) e tripulado. Com tecnologia derivada do SEASAT, o SIR-A também operou em banda L e teve como objetivo geológico a extração de informação com o uso de incidência elevada (50°), de modo a realçar o relevo de regiões montanhosas, no contexto de mapeamento geológico e exploração mineral e de petróleo. Um resultado histórico do SIR-A foi a detecção de

Fig. 3.1 *Região costeira entre Washington e Oregon, nos Estados Unidos. Imagem SEASAT adquirida em 10 de agosto de 1978*
Fonte: NASA (1978), processado por ASF Daac (2013). DOI 10.5067/LZ2D3Z6BW3GH.

canais de drenagem sob a cobertura de areia no deserto do Saara, demonstrando a potencialidade da banda L na penetração na subsuperfície do terreno, sob condições de ausência de umidade (Fig. 3.2).

A missão seguinte da NASA, ainda com o uso de ônibus espacial (Challenger), foi o SIR-B, lançado em outubro de 1984. O SIR-B utilizou ainda a tecnologia derivada do SEASAT e do SIR-A, isto é, imageamento em banda L, mas com a inovação de uma antena com variações de incidência (15° a 60°). Isso permitiu pela primeira vez o imageamento sob condições de multi-incidência na iluminação e demonstrou o grande potencial em aplicações, particularmente na discriminação de cobertura vegetal através de variações do retroespalhamento controladas pela incidência. As imagens SIR-B também foram usadas para demonstrar a sensibilidade da banda L na caracterização de umidade em solos, no mapeamento estrutural e na discriminação litológica, assim como nos estudos oceânicos (espectro de ondas direcionais). Os dados do SIR-B foram os primeiros a ser processados digitalmente, o que possibilitou análises comparativas e quantitativas mais precisas e representou um avanço significativo na difusão da tecnologia em aplicações variadas.

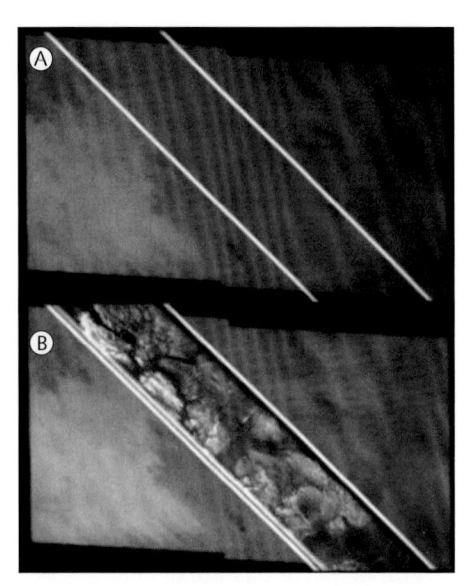

FIG. 3.2 *(A) Composição do TM-Landsat no Sudão e (B) faixa transversal com imagem do SIR-A mostrando penetração no deserto, com detecção de canais de drenagem cobertos* Fonte: JPL/NASA (1981, http://www.jpl.nasa.gov/history/hires/1981/SIR-A_image.jpg).

O sucesso das missões SIR-A e B levou ao desenvolvimento de nova geração de SAR, prevista para uso com as plataformas Shuttle. O SIR-C incorporou nova tecnologia (*solid-state SAR technology*) necessária para prover energia suficiente para a aquisição de dados em multifrequências e polarimétricos. A missão SIR-C/X-SAR foi um projeto conjunto da NASA e das agências espaciais alemã e italiana. O projeto SIR-C/X-SAR envolveu a realização de dois voos com o ônibus espacial Endeavour (10 dias em abril e outubro de 1994). A missão teve como objetivos (1) observação da estrutura da cobertura vegetal e das mudanças sazonais em florestas e várzeas; (2) medidas de umidade e rugosidade de solos e de áreas inundadas de florestas tropicais, assim como medidas de distribuição sazonal de neve em áreas montanhosas; (3) caracterização de correntes oceânicas, turbilhões e ressurgências e (4) melhor compreensão de processos geológicos como erupções vulcânicas, erosões e desertificação para análises estruturais e tectônicas.

Cabe salientar que nessa missão SIR-C/X-SAR (suborbital) foi utilizado um avançado sistema de radar que operou simultaneamente em duas frequências (bandas C e L) e quad-polarizações (HH, VV, VH e HV), além de recobrimento na banda X-HH. Em adição, o SIR-C/X-SAR propiciou o imageamento sob diferentes incidências (15° a 55°) e resoluções espaciais (10 m a 200 m). Suas características inovadoras só foram possíveis devido ao caráter experimental e científico da missão. O SIR-C/X-SAR representou o mais avançado sistema suborbital já construído, sendo a curta duração da missão sua maior limitação, além da necessidade de as aquisições contarem com a supervisão dos astronautas. Finalmente, na continuidade das missões com o Shuttle, merece menção a missão topográfica *Shuttle Radar Topography Mission* (SRTM), de fevereiro de 2000, com imageamentos interferométricos realizados nas bandas C e X, para a geração de modelos digitais de elevação de grande parte das áreas emersas do planeta. A campanha do SRTM foi de recobrimento não repetitivo e de curta duração.

3.3 Missões SAR de recobrimentos sistemáticos

A última década do século passado é considerada a década das micro-ondas e marca o advento dos SARs orbitais não tripulados, de recobrimentos sistemáticos do planeta inicialmente em polarização e incidência única, seguidos na década seguinte (a primeira do milênio) por uma intensa proliferação de sistemas de grande evolução tecnológica, com variação de modos de imageamento e diversidade de resolução espacial, incidência e atributos polarimétricos e interferométricos (Tab. 3.1). Merece ser enfatizado que, no início desse desenvolvimento, satélites de grandes dimensões foram lançados com plataformas adequadas para prover massa, volume, potência suficiente e requisitos de taxa de dados elevada na operação de um SAR. Sistemas orbitais de dimensões e pesos consideráveis implicavam em lançadores muito potentes. Como consequência, essas combinações de satélites e lançadores levaram a custos elevados, e poucos sistemas foram lançados e/ou tornaram-se operacionais. A tecnologia ficava restrita a poucos países e agências. Como exemplo, as duas plataformas mais pesadas com SAR foram o ENVISAT (ASAR) e o ALOS-1 (PALSAR-1), com 8,2 t e 3,85 t respectivamente.

Os desenvolvimentos posteriores resultaram em grande redução em (a) tamanho e volume de unidades de potência e de componentes eletrônicos e (b) dimensão e peso das antenas. Como consequência, houve uma mudança de paradigma, com o advento de satélites menores e mais leves e a utilização de lançadores menos potentes e mais baratos. Essa tendência resultou na operação por constelação, prio-

TAB. 3.1   CARACTERÍSTICAS DOS PRINCIPAIS SISTEMAS ORBITAIS COM SAR

Missão	Agência/país	Ano	λ	Melhor resolução (range; azimute) (m)	Polarização	Revisita (dias)	Peso (kg)
SEASAT	NASA/EUA	1978	L	6; 25	HH	–	2.290
SIR-A	NASA/EUA	1981	L	7; 25	HH	–	Idem
SIR-B	NASA/EUA	1984	L	6; 13	HH	–	Idem
ERS-1	ESA	1991	C	5; 25	VV	35	2.400
ERS-2	ESA	1995	C	5; 25	VV	35	2.400
ALMAZ	URSS	1991	S	8; 15	HH	–	3.420
JERS-1	NASDA/Japão	1992	L	6; 18	HH	44	1.400
SIR-C/X-SAR	NASA/EUA, DLR/Alemanha, ASI/Itália	1994	L	7; 5	Quad-pol	–	11.000
			C	13; 6	Quad-pol		
			X	10	VV		
RADARSAT-1	CSA/Canadá	1995	C	8; 8	HH	24	3.000
SRTM	NASA/EUA, DLR/Alemanha	2000	C	15; 8	Dual	–	13.600
			X	8; 19	VV		
ENVISAT/ASAR	ESA	2002	C	10; 30	HH, VV, HV, VH	35	8.211
ALOS/PALSAR-1	JAXA/Japão	2006	L	5; 10	Quad-pol	46	3.850
SAR LUPE	OHB/Alemanha	2006/2008	X	0,5; 0,5	Quad-pol	–	770
RADARSAT-2	CSA/Canadá	2007	C	3; 3	Quad-pol	24	2.200
COSMO-Skymed	ASI/Itália	2007/2010	X	1; 1	Quad-pol	8	1.700
TerraSAR-X	DLR/Alemanha	2007	X	1; 1	Quad-pol	11	1.230
TanDEM-X	DLR/Alemanha	2009	X	1; 1	Quad-pol	11	1.230
RISAT-1	ISRO/Índia	2012	C	3; 3	Quad-pol	25	1.858
KOMPSAT-5	KARI/Coreia do Sul	2013	X	1; 1	Quad-pol	28	1.400

TAB. 3.1 (Continuação)

Missão	Agência/país	Ano	λ	Melhor resolução (range; azimute) (m)	Polarização	Revisita (dias)	Peso (kg)
Sentinel-1A	ESA	2014	C	3,5; 22	Dual	12	2.300
Sentinel-1B	ESA	2016	C	3,5; 22	Dual	12	2.300
ALOS/PALSAR-2	JAXA/Japão	2014	L	3; 1	Quad-pol	14	2.000
SAOCOM-1A	CONAE/Argentina	2018	L	5; 6	Quad-pol	16	3.000
PAZ	HISDESAT/Espanha	2018	X	1; 1	Dual	11	1340
ASNARO-2	NEC-JAXA/Japão	2018	X	>1; >1	HH, VV	14	570
RCM	CSA/Canadá	2019	C	1; 3	Quad-pol	4	1.400

Fonte: atualizado de Ouchi (2013).

rizando a redução do tempo de revisita, fundamental para uso em interferometria diferencial, como será discutido posteriormente. Um desses exemplos de sistema leve é o ASNARO-2, um SAR em banda X com antena refletora parabólica e peso total de 570 kg, lançado em janeiro de 2018 pela Agência Japonesa de Exploração Aeroespacial (JAXA).

Essa tendência de sistemas mais leves teve continuidade com o lançamento em 2019 do RADARSAT Constellation Mission (RCM), com três satélites em banda C (1.400 kg cada), resolução espacial métrica, revisita diária e inovação da polarização compacta (transmissão de uma polarização circular e recepção de polarizações duplas H e V). Na Fig. 3.3 são mostrados os sistemas SAR mais importantes em termos de monitoramento de deformações e em operação quando da finalização deste texto (setembro de 2020). Com o avanço tecnológico, sistemas miniaturizados têm sido lançados para uso em constelações, como o britânico NovaSAR-1 (banda S, 400 kg), o israelense TECSAR (banda X, 260 kg), o finlandês ICEYE-X1/X2 (85 kg) e o Capella X-SAR (48 kg), entre outros (Paek et al., 2020).

Da análise desse panorama de disponibilidade de sistemas SAR, algumas observações são pertinentes enfocando a aplicação da tecnologia DInSAR. Assim, nota-se uma proliferação dominante de cinco missões em banda X, a maior parte com elevada resolução espacial (métrica) e curto tempo de revisita (o tempo decorrido entre duas observações sucessivas da área de interesse sob a mesma geometria de visada) pelo uso de constelações, como ocorre com a constelação TerraSAR-X/PAZ (TerraSAR-X,

TanDEM-X e PAZ), com quatro dias, e a COSMO-Skymed (quatro satélites), com revisita até diária. Esses sistemas atendem comercialmente a maior parte de aplicações DInSAR, com algumas limitações devidas ao efeito atmosférico de nuvens densas e chuvas em banda X, como, por exemplo, no ambiente tropical úmido (Amazônia). Merece ser salientado que a constelação TerraSAR-X/TanDEM-X, com satélites idênticos lançados pela Alemanha em 2007 e 2010, dispostos num plano orbital comum e distância típica de 300 m a 500 m, possibilitou a geração de modelos digitais de elevação de alta precisão de todo o planeta (amostragem de 12 m, acurácia vertical relativa de 2 m para terrenos planos e 4 m para superfícies com declives maiores que 20°) através da técnica de interferometria de passagem única (*single-pass SAR interferometry*). Modelos digitais de elevação produzidos pela constelação TerraSAR-X/TanDEM-X têm sido usados em várias aplicações e complementam, com dados 3D de melhor qualidade, a missão SRTM da NASA de 2000. Uma visão geral sobre tendências em sistemas SAR e aplicações pode ser vista em Paradella et al. (2015a).

Um segundo padrão de missões da Fig. 3.3 seria o daquelas operando em banda C (RISAT-1, RADARSAT-2, Sentinel-1A/1B e RCM), merecendo dois destaques. Um seria a constelação Sentinel, que é singular no contexto da evolução da tecnologia DInSAR. Desenvolvida pela iniciativa Copernicus (ESA), a missão Sentinel envolveu o lançamento de dois sistemas idênticos em banda C, em abril de 2014 (Sentinel-1A) e abril de 2016 (Sentinel-1B). Como os sensores partilham o mesmo plano orbital, a operação em constelação permite um tempo de revisita de seis dias (12 dias para cada sensor). Além disso, exibem outras características adequadas para interferometria, como a precisão de órbita, determinada em torno de 5 cm em 3D, a cobertura global assegurada de recobrimento sistemático, o rápido fornecimento de imagens (tipicamente *download* com menos de 3 h de cada aquisição) e o acesso às imagens sem custos (restrito no Brasil somente a um dos sensores – Sentinel-1A ou 1B – e, portanto, com revisita de 12 dias).

O advento da missão Sentinel-1 representou um enorme avanço para a comunidade científica, agências públicas e privadas, com a abordagem interferométrica migrando de uma análise estática de imagens de satélite de arquivos do passado para um monitoramento dinâmico do tipo *near-real-time* de deformação pelo menor ciclo de revisita. A missão tornou-se um marco de referência no uso da abordagem DInSAR para monitoramento regional ou nacional. Infelizmente, devido à restrição de resolução espacial não elevada (5 m × 20 m) quando comparada com a dos sistemas comerciais mencionados em banda X (3 m × 3 m), nem todo tipo de aplicação pode ser atendido. Contudo, é na escala regional que os dados Sentinel-1A e 1B são mais adequados, como mostrado por Raspini et al. (2018) no desenvolvimento de um sistema semiautomático de monitoramento contínuo de deformações para a região da Toscana (Itália).

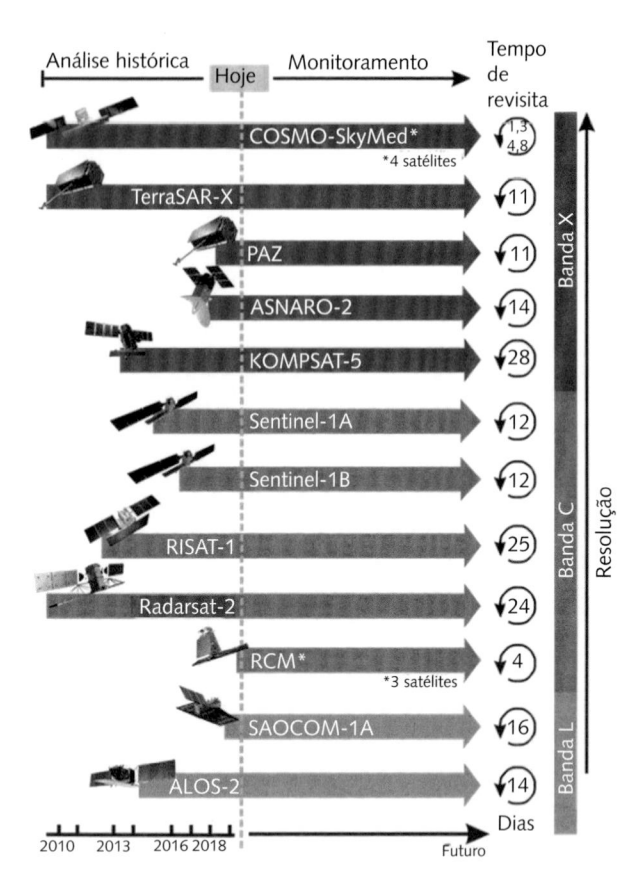

FIG. 3.3 *Sistemas orbitais mais importantes com SAR operando atualmente, com informações de banda, tempo de revisita e aumento na resolução espacial*
Fonte: adaptado de TRE-ALTAMIRA (2019).

No caso específico de monitoramento de deformações em mineração, além do curto tempo de revisita, o requisito de resolução espacial é também fundamental. Estruturas mineiras como bancadas, bermas e taludes de cavas e pilhas de estéril necessitam de resolução espacial elevada para amostragem de pontos no terreno, os espalhadores coerentes, que serão depois discutidos. Como exemplo, usando-se um sistema com 3 m × 3 m de resolução (9 m²), como dos sistemas comerciais TerraSAR-X ou COSMO-Skymed, teríamos dez vezes mais pontos medidos em comparação com a resolução de 5 m × 20 m (100 m²) dos SARs da missão Sentinel. A Fig. 3.4 exemplifica bem a importância da resolução espacial para a caracterização desse tipo de alvos na mineração. Mesmo assim, uma aplicação recente dos autores, com o uso de dados Sentinel-1B na detecção de deformações na Barragem I de rejeitos da mina Córrego do Feijão (Brumadinho) no período de março de 2018 a janeiro de 2019, antes de sua ruptura, mostrou a importância desse tipo de imageamento orbital no monitoramento de barragens de rejeitos minerais (Gama et al., 2020).

Cabe ainda ressaltar a missão RCM, com os lançamentos simultâneos de três satélites idênticos para operação em constelação, ocorridos em junho de 2019, com

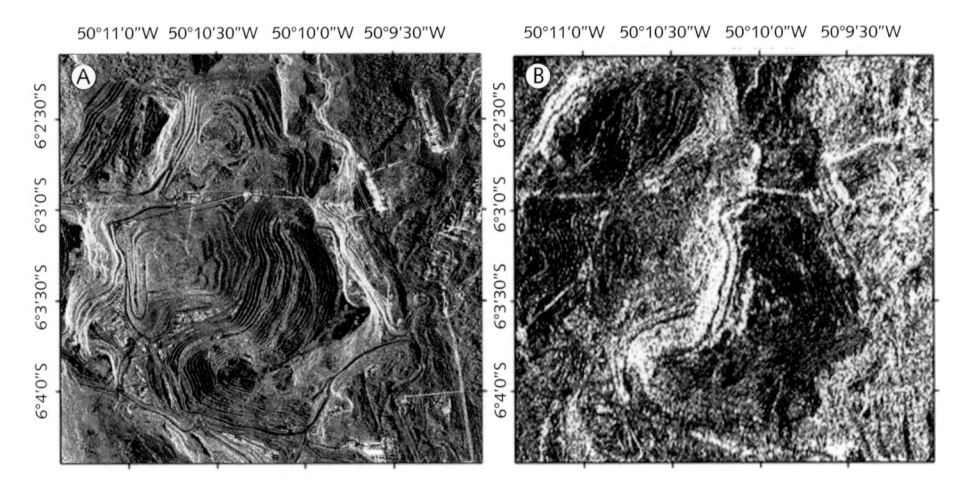

FIG. 3.4 *Imagens de amplitude do (A) TerraSAR-X (X-HH, resolução espacial 3 m × 3 m, 11 jan. 2013, órbita ascendente) e do (B) Sentinel-1A (C-VV, resolução espacial 5 m × 20 m, 30 set. 2016, órbita descendente) realçando a importância da resolução espacial na caracterização das bancadas da cava de explotação de minério de ferro da mina N4E em Carajás (Pará)*

o objetivo de assegurar a continuidade do uso de dados em banda C do programa RADARSAT. Com vários atributos inovadores, através dos vários modos de imageamento, fornecendo dados multipolarizados e polarimétricos, de grande cobertura e de detalhe (modo Spotlight com resolução espacial de 1 m × 3 m), acesso diário do território do Canadá e de grandes extensões do planeta com tempo de revisita de quatro dias, a constelação RCM representa tecnologicamente o mais avançado sistema de imageamento orbital operando atualmente. Não está ainda definida a política de acesso aos dados para usuários não canadenses.

Finalmente, cabem comentários sobre os sistemas operando em banda L. Esse tipo de banda, com maior comprimento de onda, é o menos afetado pelo ruído atmosférico e possibilita maior penetrabilidade em alvos com cobertura vegetal, por exemplo, diques de barragens de rejeitos de mineração cobertos por vegetação baixa, mas é menos sensível à deformação superficial que medidas em bandas X e C. Esse assunto será discutido em detalhes posteriormente. De qualquer modo, a disponibilidade de dados para DInSAR com sistemas em banda L ainda é restrita, com duas missões no presente. O acesso mais amplo aos dados ALOS/PALSAR-2, de excelente resolução espacial (em torno de 3 m), relativamente curto tempo de revisita (14 dias) e com requisito de série temporal para interferometria, não é assegurado pelas limitações de programação de aquisições no cenário de observação global estabelecido pela JAXA. Da mesma forma, não está ainda claro como serão disponibilizados os dados do satélite argentino recentemente lançado, o SAOCOM-1A, que provavelmente fará parte da constelação COSMO-Skymed.

4

Utilizando a fase e a amplitude em medidas de deformação

Basicamente existem duas técnicas utilizadas para a extração de medidas de deslocamentos no terreno com dados de radar orbital: as que fazem uso da fase e as que exploram a amplitude. Os dois conjuntos de técnicas têm sido desenvolvidos para monitorar regimes diferentes de deslocamentos, desde pequenas até elevadas taxas de deformação. Para que a máxima informação possa ser extraída com dados SAR, os dois conjuntos têm sido usados de modo complementar na detecção e no monitoramento de deformações em atividades de mineração, particularmente em estruturas de minas a céu aberto no país. Os fundamentos dos dois conjuntos de técnicas são apresentados a seguir.

4.1 Explorando a fase: a interferometria (InSAR)

O termo interferometria é derivado da palavra interferência, que expressa um fenômeno resultante da interação entre ondas de qualquer tipo. Interferometria por radar foi utilizada pela primeira vez na observação de Vênus (Rogers; Ingalls, 1969) para separar a ambiguidade dos ecos provenientes dos hemisférios Norte e Sul. Posteriormente, dados de elevação foram obtidos por essa técnica nas observações da Lua (Zisk, 1972) e de Vênus (Rumsey et al., 1974). A primeira medida de elevação na Terra obtida por interferometria de imagens de radar aerotransportado foi realizada por Graham (1974). Posteriormente, Zebker e Goldstein (1986) e Gabriel e Goldstein (1988) propuseram e demonstraram com sucesso a geração de modelos digitais de elevação a partir de interferometria SAR orbital.

A interferometria SAR ou *Interferometric SAR* (InSAR) é uma técnica que utiliza um par de imagens SAR no formato complexo (*Single Look Complex*, SLC), de amplitude e fase, para gerar uma terceira imagem complexa, dita imagem interferométrica, cuja fase de cada *pixel* é formada pela diferença de fase entre os *pixels* correspondentes nas duas imagens originais. A aquisição de um par de imagens para a geração da fase interferométrica pode ser conseguida de dois modos, como ilustrado na Fig. 4.1:

4 Utilizando a fase e a amplitude em medidas de deformação | 61

a) Utilizando-se duas antenas na mesma plataforma, separadas por uma distância chamada de linha de base (B). Essa maneira é conhecida como interferometria de uma passagem, utilizada em plataformas aerotransportadas. Foi também empregada em uma passagem no sistema orbital do SRTM. Satélites operando no modo TanDEM também podem ser considerados como de interferometria de uma passagem.

b) Utilizando-se uma antena com duas passagens sobre a mesma área, também conhecida como interferometria de duas passagens. Nesse caso, a linha de base (B) depende da distância entre as duas órbitas. Esse modo também é usado em sistemas aerotransportados que operam em banda L ou P, devido ao longo comprimento de onda dessas bandas, que exigem uma linha de base maior.

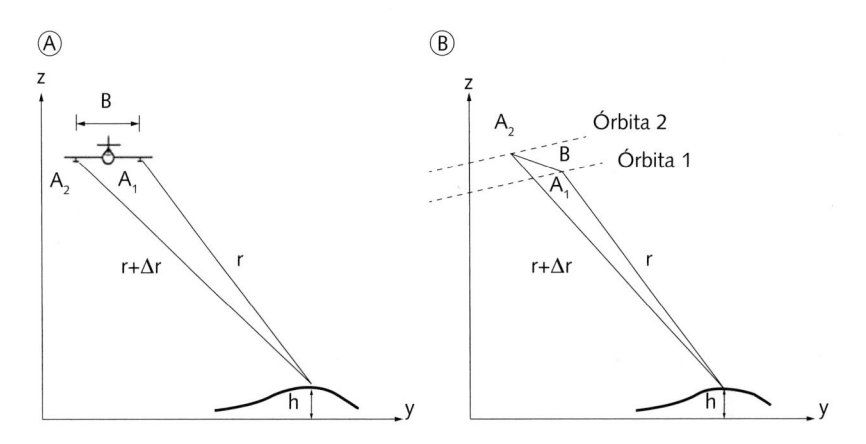

FIG. 4.1 *Modos de aquisição utilizados em interferometria SAR: (A) uma passagem e (B) duas passagens*

4.1.1 Variação de fase e medidas de elevação

A fase de cada *pixel* da imagem interferométrica está relacionada com a elevação do terreno, correspondente à célula de resolução no solo, possibilitando com isso a geração de um modelo digital de elevação (MDE).

Os sinais do radar recebidos pelas antenas de SAR 1 e SAR 2 (Fig. 4.2) possuem uma diferença de fase que é proporcional à diferença de distância $R_2 - R_1$ (Graham, 1974), segundo a equação a seguir:

$$\Delta\phi = \frac{4\pi(R_2 - R_1)}{\lambda} \cong \frac{4\pi B_\perp}{\lambda R_1 \operatorname{sen}\theta} h \quad (4.1)$$

em que λ é o comprimento de onda do sinal transmitido e $B_\perp$ é a linha de base normal (perpendicular).

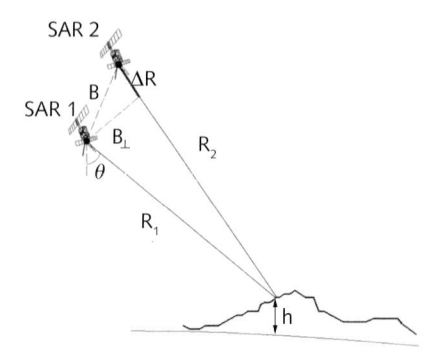

FIG. 4.2 *Interferometria SAR orbital de duas passagens*

Nota-se que a diferença de fase $\Delta\phi$ é diretamente proporcional à distância entre os sensores e que $B_\perp$ e ΔR é a diferença entre as trajetórias R_1 e R_2 do sinal, sendo que estas dependem da altura h do ponto representado na Fig. 4.2. Com isso, é possível calcular a altura h do ponto a partir da diferença de fase interferométrica $\Delta\phi$.

A informação da diferença de fase $\Delta\phi$ é representada em módulo 2π, ou seja, ela pode conter vários ciclos de 2π, também conhecida como interferograma (Fig. 4.3A). Para remover essa ambiguidade presente no interferograma, utiliza-se um processo de desdobramento de fase, também conhecido como *phase unwrapping*, para conhecer o número de ciclos de 2π. Com isso, obtém-se uma imagem de diferença de fase interferométrica dita absoluta (Fig. 4.3B), através da qual se pode calcular o valor de elevação do terreno conhecendo-se as condições de imageamento, tais como linha de base B e os vetores de estado (velocidade e posicionamento) das antenas (Mura, 2000).

Nota-se na Fig. 4.3B que a fase desdobrada ou absoluta já apresenta os padrões relacionados com a elevação do terreno. O uso da interferometria SAR para a geração de MDE é uma técnica consagrada, e algumas referências básicas sobre essa técnica podem ser encontradas em Graham (1974), Zebker e Goldstein (1986), Hagberg e Ulander (1993) e Rosen et al. (2000).

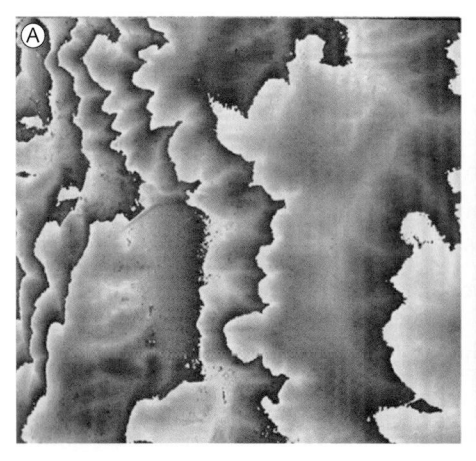

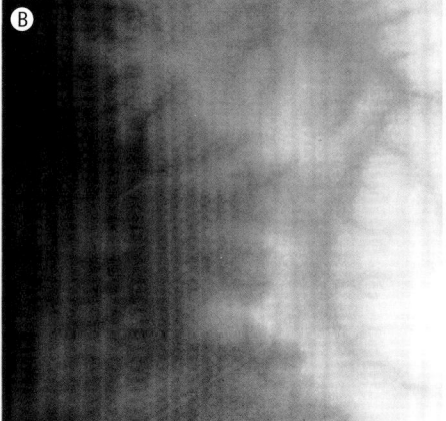

FIG. 4.3 *(A) Ilustração de um interferograma e de (B) seu correspondente com a fase desdobrada*
Fonte: Mura (2000).

4 Utilizando a fase e a amplitude em medidas de deformação | 63

Uma medida importante da qualidade da fase que compõe um interferograma é a coerência interferométrica, que é a medida do grau de correlação entre as duas imagens SAR no formato complexo SLC (Just; Bamler, 1994), dada por:

$$\hat{\gamma} = \frac{\ll p_1 p_2^* \gg}{\sqrt{\ll |p_1|^2 \gg \cdot \ll |p_2|^2 \gg}} \qquad (4.2)$$

em que $\ll....\gg$ indica um operador de média espacial e p_1 e p_2 são os *pixels* (SLC) de duas imagens.

A representação do módulo do coeficiente de correlação complexo, $|\gamma|$, é também conhecida como coerência interferométrica. A Fig. 4.4 ilustra uma imagem de coerência obtida a partir de duas imagens SLC de um sistema radar banda X aerotransportado (sistema AeroSensing, AeS-1). A parte escura significa baixa coerência interferométrica e está normalmente relacionada a corpos de água ou áreas vegetadas.

FIG. 4.4 *Ilustração da imagem de coerência*
Fonte: Mura (2000).

4.1.2 Interferometria diferencial SAR (DInSAR)

A interferometria diferencial SAR ou DInSAR clássica é uma técnica que permite a detecção de deslocamento na direção de visada do radar, ou seja, supondo que haja um deslocamento do terreno entre as aquisições das imagens SAR, como ilustrado na Fig. 4.5, causado por subsidência, terremoto, deslizamento etc., esse deslocamento pode ser medido através de uma diferença de fase relativa, independente da linha de base utilizada, dada por:

$$\Delta\phi_d = \frac{4\pi}{\lambda} d \qquad (4.3)$$

em que d é o deslocamento relativo na direção da linha de visada do radar.

A fase interferométrica resultante é constituída pelas componentes de fase relacionadas a altitude do terreno (h), deslocamento provocado por mudança do terreno (d_{desl}), perturbação atmosférica (ϕ_{atm}), erro na estimativa da linha de base (ϕ_β), e ruídos do sistema e *speckle* (ϕ_η), podendo ser representada por:

$$\Delta\phi = \frac{4\pi B_\perp}{\lambda R_1 \mathrm{sen}\theta} h + \frac{4\pi}{\lambda} d_{desl} + \phi_{atm} + \phi_\beta + \phi_\eta \qquad (4.4)$$

A técnica DInSAR clássica utiliza normalmente um MDE de boa precisão, que pode ser obtido por interferometria SAR ou por outras fontes (par estereoscópico, LIDAR etc.), para que seja simulada uma fase correspondente ao MDE na geometria de aquisição do sensor SAR. A fase do MDE pode ser subtraída de $\Delta\phi$ resultando em uma fase interferométrica diferencial representada por:

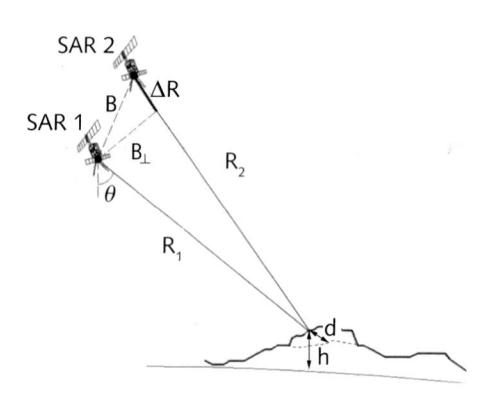

FIG. 4.5 *Interferometria SAR ilustrando uma deformação do terreno (d) ocorrida entre a primeira e a segunda aquisição das imagens*

$$\Delta\phi_{di} \cong \frac{4\pi}{\lambda} d_{desl} + \phi_{atm} + \phi_\beta + \phi_\eta \qquad (4.5)$$

Os erros introduzidos pela componente de fase da atmosfera (ϕ_{atm}), por erros na estimativa da linha-base (ϕ_β) e pelas componentes de ruídos (ϕ_η) são desprezados na técnica DInSAR, pois, para a atenuação dessas componentes de fase, é necessária uma análise estatística de uma série temporal de imagens.

A técnica DInSAR foi primeiramente demonstrada com dados orbitais por Gabriel, Goldstein e Zebker (1989). Uma revisão completa sobre esse assunto pode ser vista em Massonnet e Feigl (1998). De modo simplificado, essa técnica explora a informação contida na fase de radar de, no mínimo, duas imagens complexas adquiridas em diferentes épocas, sobre uma mesma área e que formam um par interferométrico. A aquisição repetida de imagens da área de interesse é usualmente realizada usando o mesmo sensor, sob condições específicas de geometria de visada, ligeiramente diferentes uma da outra, para garantir que haja diferença de fase entre elas (interferência) na geração do par interferométrico, sem perda de coerência ou descorrelação geométrica. Com os recobrimentos sistemáticos do planeta desde a década de 1990 com os satélites ERS-1/ERS-2, a técnica DInSAR tem sido utilizada com resultados significativos em vários campos de aplicações, como monitoramento de deformações ligadas a terremotos (Massonnet et al., 1993), vulcanismos (Manzo et al., 2006), exploração de hidrocarbonetos (Fielding; Blom; Goldstein, 1993), mineração (Jarosz; Wanke, 2004), deslizamentos de terra (Colesanti; Wasowski, 2006) e subsidência urbana (Crosetto et al., 2005), entre outros.

4.1.3 Técnicas avançadas DInSAR (A-DInSAR)

Aquisições multitemporais de imagens SAR melhoram a capacidade de detectar mudanças temporais dos fenômenos de deformação de superfície. Para tirar proveito disso, uma série de técnicas foi desenvolvida, entre elas a técnica de séries temporais de DInSAR (*DInSAR Time-Series*, DTS), que pode ser descrita como uma evolução da técnica DInSAR clássica, na qual se utiliza um número redundante de interferogramas diferenciais, de forma a determinar espacial e temporalmente o deslocamento da superfície na linha de visada do satélite, podendo-se separar a informação de deformação desejada do erro topográfico, do erro provocado por atraso do sinal na atmosfera e dos ruídos em geral (Lundgren et al., 2001; Usai, 2002; Schmidt; Bürgmann, 2003). Com a evolução das técnicas de processamento, visando principalmente a melhoria da acurácia e da cobertura de abrangência na detecção de fenômenos de deformações superficiais, foram criadas as classes de técnicas chamadas de A-DInSAR, entre elas a SBAS, a PSI e a SqueeSAR™. Merece ser destacado ainda que o conceito *Multi Temporal InSAR* (MTInSAR) tem sido proposto através do processamento de um conjunto (*stacks*) de interferogramas diferenciais redundantes com uma imagem de referência. Essa abordagem visa uma estimativa melhor das componentes de ruídos e, dessa forma, busca melhorar a informação de componente real de movimentação (Zhou; Chang; Li, 2009).

A técnica SBAS

A técnica *Small Baseline Subset* (SBAS), proposta por Berardino et al. (2002), derivada da DTS, utiliza um número redundante de interferogramas diferenciais que apresentem linhas de base curtas. Os interferogramas gerados nesse processo formam uma rede redundante que interliga as imagens de acordo com intervalo de tempo máximo escolhido entre aquisições e comprimento máximo de linha de base selecionada. A Fig. 4.6 mostra o exemplo de uma rede de 67 interferogramas gerados a partir de um conjunto de 33 imagens StripMap do satélite TerraSAR-X, com intervalo máximo entre aquisições de 45 dias e linha de base máxima de 550 m. Detalhes sobre a aplicação dessa técnica no monitoramento de deformações nas minas de ferro de Carajás (Pará) podem ser buscados em Gama et al. (2017).

Inicialmente, constrói-se um conjunto de M interferogramas diferenciais, baseados em um conjunto de N + 1 imagens SAR adquiridas temporalmente, ordenadas de forma (t_0, t_1, ..., t_N), onde cada par interferométrico diferencial é construído em um dado intervalo de tempo (Δt), como representado na Eq. 4.6, seguindo uma regra de

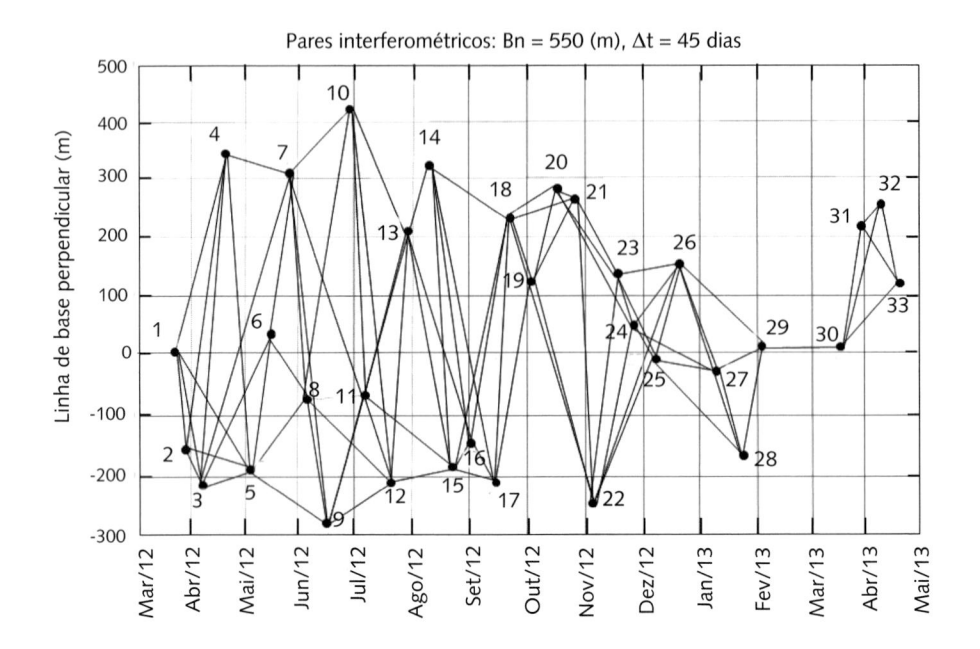

FIG. 4.6 *Exemplo de configuração de interferogramas diferenciais da técnica SBAS para 33 imagens do satélite TerraSAR-X adquiridas sobre as minas de ferro da Província Mineral de Carajás*

curto comprimento das linhas de base (SBAS). Selecionando-se um ponto de referência localizado em uma área estável, os valores de fase desdobrados observados de um ponto genérico em relação ao ponto de referência podem ser organizados em um vetor de M elementos da seguinte forma:

$$\phi_{Ob}^{T} = \left[\phi_{\Delta t1}, \phi_{\Delta t2}, \dots, \phi_{\Delta tM}\right] \tag{4.6}$$

Sendo N o número de valores de fase desconhecidos relacionados ao deslocamento superficial do ponto selecionado, nos instantes de tempo ($t_1, t_2,\dots, t_N$), e considerando t_0 como o tempo de referência (deformação zero), esses valores podem ser representados na forma vetorial por:

$$\phi_{desl}^{T} = \left[\phi_{\Delta r1}(t_1), \phi_{\Delta r2}(t_2), \dots, \phi_{\Delta rN}(t_N)\right] \tag{4.7}$$

A relação entre o vetor deslocamento do ponto selecionado (Eq. 4.7) e o vetor dos dados observados desse ponto (Eq. 4.6) pode ser representada como um sistema de equações de M × N variáveis desconhecidas na seguinte forma matricial:

$$A\phi_{desl} = \phi_{Ob} \tag{4.8}$$

em que A é uma matriz de M × N de operadores (+1, −1, 0) entre os pares interferométricos desdobrados.

A solução do sistema de equações (Eq. 4.8) pode ser obtida no sentido dos mínimos quadrados (Usai, 2002), sendo dada por:

$$\phi_{desl} = A^+ \phi_{Ob} \qquad (4.9)$$

em que $A^+ = (A^T A)^{-1} A^T$ é a matriz pseudoinversa da matriz A, A^T é a matriz transposta de A e (−1) significa a matriz inversa.

Como a técnica SBAS em geral produz mais interferogramas (M) que imagens (N) disponíveis, o sistema de equações fica sobredeterminado, podendo haver múltiplas soluções. Para se obter um resultado único, a solução do sistema de equações representado na Eq. 4.9 consiste em determinar a matriz pseudoinversa da matriz A através do método *Singular Value Decomposition* (SVD), formulado por Golub e Loan (1989).

Segundo Berardino et al. (2002), os resultados da Eq. 4.9 podem apresentar largas descontinuidades nos valores de deslocamento superficial obtidos, e a solução para minimizar esse problema foi encontrar o vetor velocidade de deslocamento entre os tempos adjacentes das aquisições, ou seja:

$$v_{desl}^T = \left[v_1 = \frac{\phi_{\Delta r1}(t_1)}{t_1 - t_0}, ..., v_N = \frac{\phi_{\Delta rN}(t_N)}{t_N - t_{N-1}} \right] \qquad (4.10)$$

A relação entre o vetor velocidade de deslocamento de um ponto (Eq. 4.10) e o vetor dos dados observados desse ponto (Eq. 4.6) pode ser representada como um sistema de equações de M × N variáveis desconhecidas na seguinte forma matricial:

$$B v_{desl} = \phi_{Ob} \qquad (4.11)$$

em que B é uma matriz de M × N de operadores (Δt, 0) entre os pares interferométricos desdobrados, sendo Δt o intervalo de tempo entre as aquisições das imagens de um interferograma diferencial genérico.

A solução do sistema de equações representado na Eq. 4.11 é obtida determinando-se a matriz pseudoinversa de B através do método SVD. O deslocamento acumulado de um ponto genérico é representado pela Eq. 4.12, considerando t_0 como um tempo de referência (deformação zero), ou seja, $d_{desl}(t_0) = 0$ e $v_{desl}(t_0) = 0$.

$$d_{desl} = (t_1 - t_0)v_{desl1} + (t_2 - t_1)v_{desl2} + \ldots + (t_N - t_{N-1})v_{deslN} \qquad (4.12)$$

A Fig. 4.7 ilustra o fluxo básico de processamento da técnica SBAS.

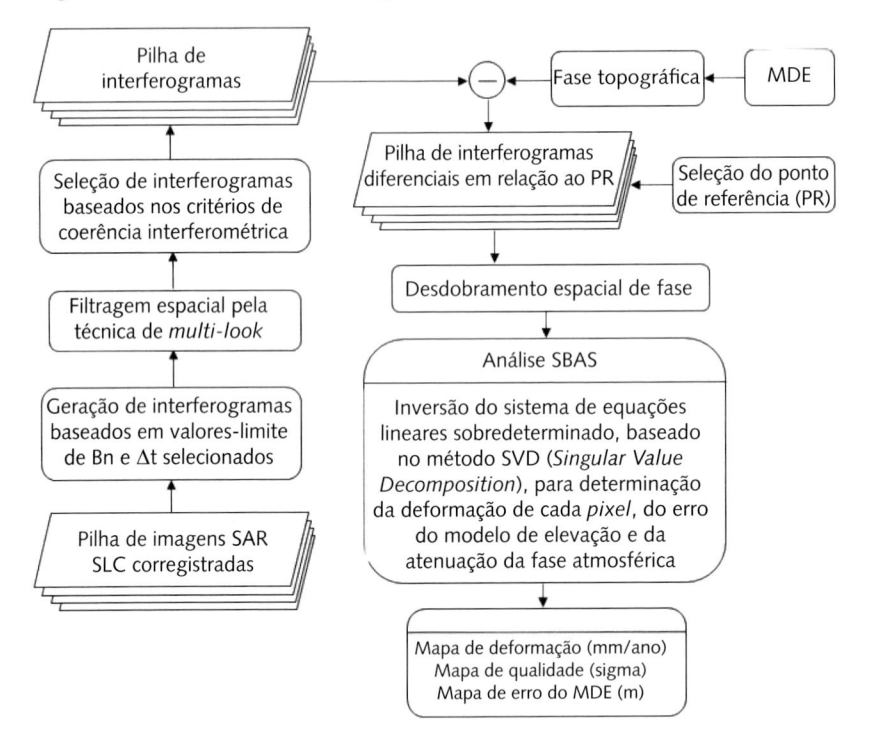

FIG. 4.7 *Fluxograma das etapas principais de processamento da modelagem SBAS*

A técnica PSI

A técnica *Persistent Scatterer Interferometry* (PSI) foi originalmente desenvolvida pelo grupo de pesquisa de sistemas SAR do Instituto Politécnico de Milão (POLIMI), na Itália, com o nome de *Permanent Scatterer Interferometry* (Ferretti; Prati; Rocca, 2000, 2001; Colesanti et al., 2003), e buscou sobretudo melhorar a detecção de deformações em regiões de baixa coerência interferométrica (principalmente áreas urbanas) e a remoção das componentes da fase atmosférica. Essa técnica é baseada na análise de espalhadores persistentes, ou seja, alvos que refletem energia durante todo o período da análise e que são visíveis no conjunto das imagens SAR, mesmo que haja variações nas órbitas do satélite. Espalhadores persistentes típicos são estruturas geométricas funcionando como refletores de canto (diedros, triedros), presentes em construções (edifícios, casas, pontes, taludes etc.) e estruturas naturais (afloramentos de rochas, encostas etc.). A técnica foi licenciada posteriormente pela empresa TRE, uma *spin-off* do POLIMI, com o acrônimo PSInSAR™. Mais tarde, em 2003, foi redenominada pela

ESA como *Persistent Scatterer Interferometry* (PSI) para, de modo abrangente, identificar todas as técnicas que visam extrair informação de espalhadores individuais, representando um dos mais importantes avanços no uso de interferometria diferencial. Seguindo a mesma abordagem da proposição inicial do POLIMI, variações têm sido apresentadas em anos recentes (Werner et al., 2003; Hooper et al., 2004; Crosetto et al., 2005; Crosetto et al., 2008; Constantini et al., 2010).

A análise de pontos de retornos persistentes remete a aspectos referentes à formação da imagem SAR, onde o valor de cada *pixel* contém a soma coerente dos retornos dos muitos espalhadores do alvo. Caso os espalhadores apresentem movimentos entre si no intervalo entre duas passagens, ocorrerá uma variação aleatória de fase no retorno, causando uma descorrelação dos sinais. Se, contudo, um *pixel* for dominado por um espalhador estável, com sinal de retorno maior que o dos espalhadores restantes, a variância do sinal de retorno devido ao movimento relativo dos espalhadores vizinhos será reduzida, permitindo sua detecção e sua utilização para cálculo de deslocamento superficial (Fig. 4.8).

A técnica PSI utiliza um grande número de imagens registradas temporalmente (tipicamente mais de 15), para que seja possível realizar uma análise estatística dos erros de fase relacionados à atmosfera e aos ruídos. A combinação das imagens para formar o conjunto de imagens interferométricas (pilha de imagens) é realizada inicialmente pela escolha de uma imagem mestre, em geral a imagem no centro da série temporal, para que a coerência interferométrica seja maximizada.

A Fig. 4.9 ilustra um exemplo de configuração das linhas de base normais B_n em relação à imagem mestre. Nota-se que as aquisições do satélite ocorrem dentro de um tubo de órbitas para uma determinada órbita nominal, o que garante que sempre vai existir uma configuração de passagens apropriadas

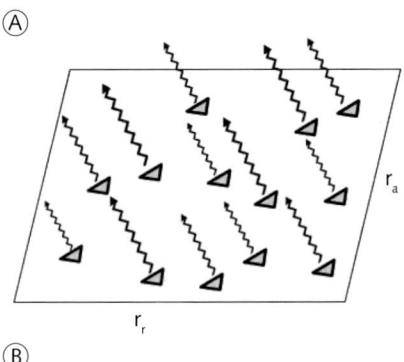

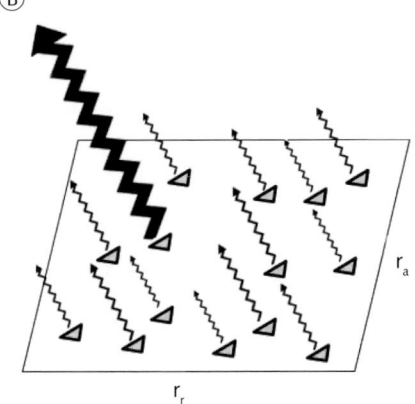

FIG. 4.8 *Ilustração do comportamento da fase para (A) pixel com espalhadores distribuídos e (B) pixel com espalhadores coerentes (persistentes)*
Fonte: adaptado de Hooper et al. (2004).

para formar pares interferométricos, pois o satélite dificilmente passa sempre na órbita nominal. A Fig. 4.10 mostra um caso real de configuração de 33 imagens para processamento PSI.

No processamento PSI, selecionam-se inicialmente os *pixels* candidatos a espalhadores persistentes (*Persistent Scatterer*, PS), que são aqueles que normalmente apresentam

FIG. 4.9 *Exemplo de configuração de linhas de base em relação à imagem mestre*

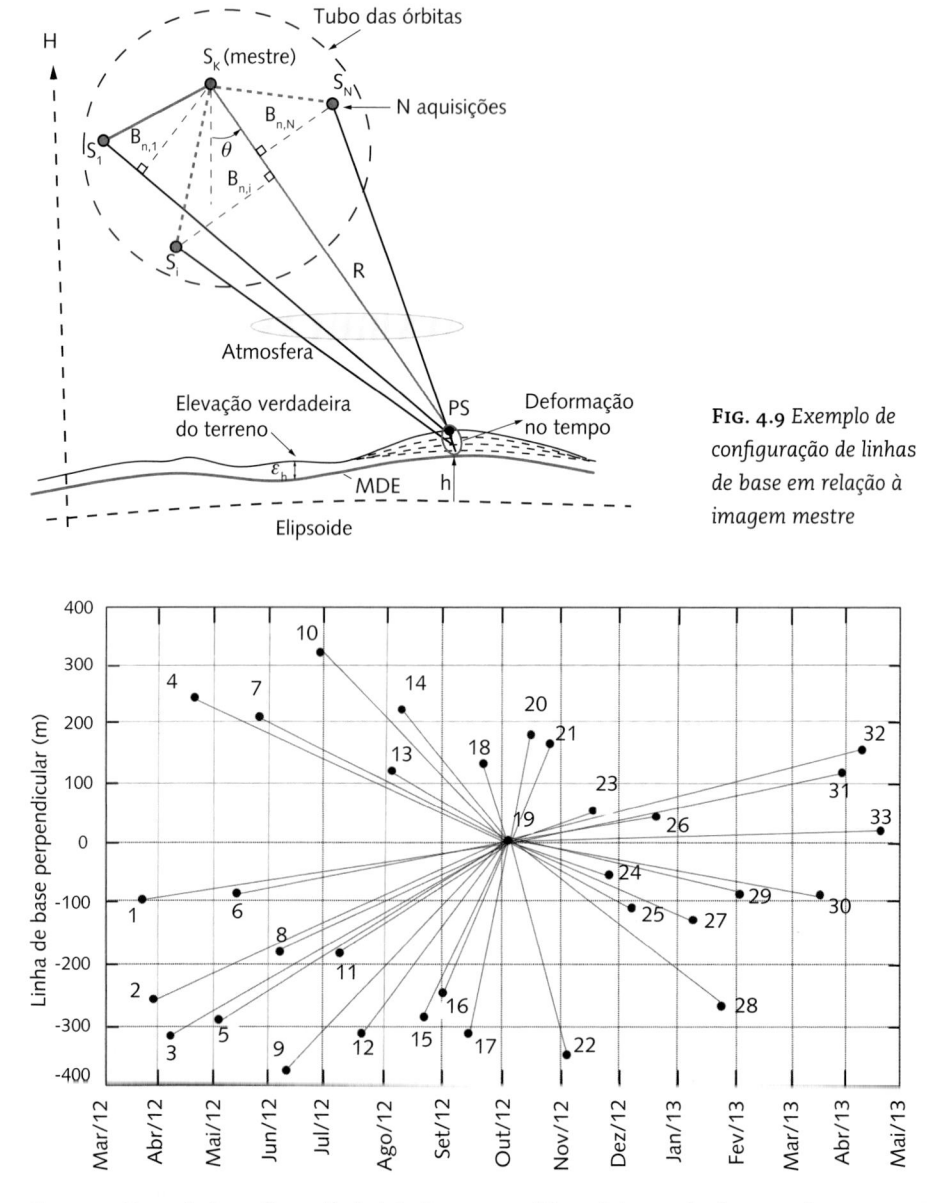

FIG. 4.10 *Exemplo de configuração de interferogramas diferenciais em relação a uma imagem mestre da técnica PSI para 33 imagens do satélite TerraSAR-X coletadas na Província Mineral de Carajás*

4 Utilizando a fase e a amplitude em medidas de deformação | 71

alta relação sinal-ruído e são identificados através da análise da variação da amplitude, *pixel* por *pixel*, na série temporal de imagens. A métrica utilizada normalmente é baseada no índice de dispersão de amplitude (Ferretti; Prati; Rocca, 2001), dada por:

$$D_a = \frac{\sigma_a}{\mu_a} \qquad (4.13)$$

em que σ_a é o desvio-padrão da variação temporal de amplitude e μ_a é o valor temporal médio da amplitude de um dado *pixel* (o ponto é selecionado quando o índice de dispersão é menor que um limiar típico de 0,4).

O conjunto de *pixels* candidatos a PS é testado em termos de suas estabilidades de fase na série temporal e muitos são removidos durante o processamento por não atender a esse critério. A Fig. 4.11 ilustra um setor de taludes de cava e de pilha de estéril da mina N4E (Carajás), com imageamento TerraSAR-X (λ = 3,1 cm), mostrando os candidatos a PS (em amarelo), calculados a partir de um conjunto de 33 imagens SAR.

Nessa figura, nota-se que em algumas áreas a densidade de PS é baixa ou mesmo inexistente, o que é causado pelo alto índice de dispersão de amplitude (D_a), definido na Eq. 4.13. Essas áreas são normalmente caracterizadas pela baixa coerência interferométrica, que está relacionada à baixa qualidade de fase (muito ruidosa).

A Fig. 4.12 mostra a configuração típica de um conjunto de imagens utilizadas na técnica PSI, onde N imagens adquiridas sequencialmente no tempo são primeiramente corregistradas. Posteriormente é selecionada a imagem de referência (mestre), baseada nos critérios de menor dispersão de linha de base e proximidade com o centro do intervalo de aquisição. Um ponto de referência é escolhido na imagem (PS$_{ref}$), com a propriedade de ser um PS estável (não ocorre deslocamento no intervalo da série temporal de imagens) na área de estudo.

Para um PS$_j$ genérico, como ilustrado na Fig. 4.12, as diferenças de fases relacionadas à imagem mestre, correspondente aos M interferogramas (M = N – 1) e ao PS de referência (PS$_{ref}$), são combinadas para formar o vetor de fase diferencial Dϕ.

FIG. 4.11 *Imagem do TerraSAR-X mostrando os pontos candidatos a PS (em amarelo) no setor de taludes e pilha de estéril da mina N4E (Carajás)*

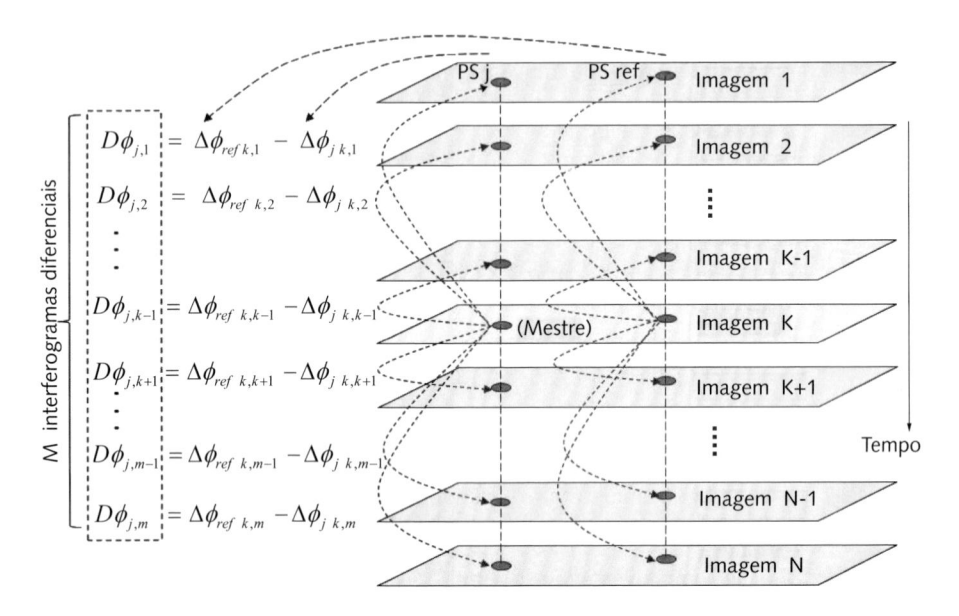

FIG. 4.12 Ilustração das componentes de fase de um ponto de retorno persistente

$$D\phi_{PSj} = \phi_{PSj\_desl} + \phi_{PSj\_\varepsilon_h} + \phi_{PSj\_atm} + \phi_{PSj\_Bn} + \phi_{PSj\_ruído}$$

$$\begin{aligned}
D\phi_{j,1} &= \phi_{desl,1} + \phi_{\varepsilon_h,1} + \phi_{atm,1} + \phi_{Bn,1} + \phi_{ruído,1} \\
D\phi_{j,2} &= \phi_{desl,2} + \phi_{\varepsilon_h,2} + \phi_{atm,2} + \phi_{Bn,2} + \phi_{ruído,2} \\
&\vdots \\
D\phi_{j,M} &= \phi_{desl,M} + \phi_{\varepsilon_h,M} + \phi_{atm,M} + \phi_{Bn,M} + \phi_{ruído,M}
\end{aligned} \quad (4.14)$$

Cada uma das M componentes do vetor de fase diferencial ($D\phi$) pode ser desmembrada como a somatória das contribuições relacionadas ao deslocamento do ponto PS_j (ϕ_{desl}): a fase devida a erro no modelo digital de elevação utilizado nesse ponto (ϕ_{ε_h}), a fase introduzida pela atmosfera (ϕ_{atm}), a fase introduzida por erro na estimativa da linha de base (ϕ_{Bn}) e a fase devida a ruídos ($\phi_{ruído}$), formando um sistema de M equações representado na Eq. 4.14.

A Fig. 4.13A ilustra uma componente de fase de um interferograma diferencial genérico, representado em módulo 2π ($D\phi i$), na mina N4E de Carajás (notam-se as bancadas e uma pilha de rejeito) com dados do TerraSAR-X. A Fig. 4.13B mostra a componente de fase relacionada ao deslocamento superficial acumulado (ϕ_{desl}) obtida após o processamento PSI (observação: na banda X, cada 2π representa o comprimento de onda λ = 3,1 cm).

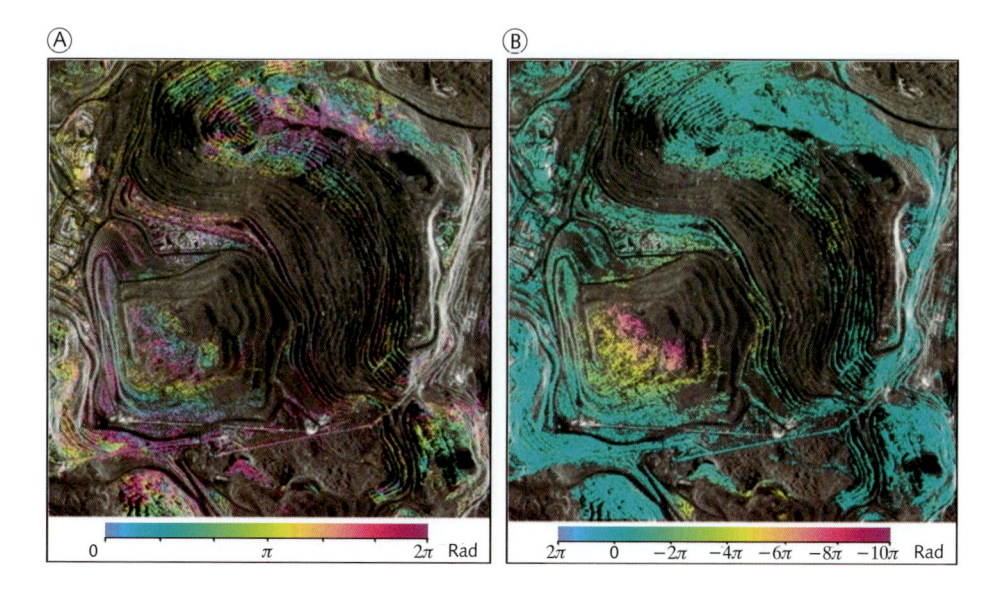

FIG. 4.13 (A) Interferograma diferencial original (módulo 2π) sobreposto a imagem SAR de referência e (B) fase relacionada ao deslocamento superficial após processamento PSI

A componente de fase relacionada aos erros no MDE ($\phi_{\varepsilon h}$), após o processamento PSI, é apresentada na Fig. 4.14A. A Fig. 4.14B ilustra uma componente de fase relacionada ao atraso na atmosfera (ϕ_{atm}) de um interferograma diferencial genérico.

Na Fig. 4.15A é exibida uma componente de fase relacionada ao erro na estimativa de linha de base (ϕ_{Bn}), e na Fig. 4.15B é mostrada uma componente de fase relacionada a ruídos ($\phi_{ruído}$), ambas de um interferograma genérico.

O objetivo da técnica PSI é separar as componentes de fase referentes ao deslocamento superficial (vetor ϕ_{desl}) das outras componentes do vetor de fase diferencial $D\phi$ original. Para tratar esse problema, essa técnica faz uso de modelagem estatística das observações (conjunto de imagens) disponíveis, para a estimativa dos diferentes parâmetros do modelo. A componente de fase relacionada à deformação, representada na primeira coluna do sistema de equações da Eq. 4.14, é aquela que se deseja conhecer através da metodologia PSI.

Várias alternativas foram desenvolvidas para a obtenção da evolução temporal de deslocamento superficial, tais como a abordagem *Permanent Scatterer Interferometry* (PSInSAR™), inicialmente formulada por Ferretti, Prati e Rocca (2000, 2001), a *Interferometric Point Target Analysis* (IPTA), proposta por Werner et al. (2005), e a *Small Baseline Subset* (SBAS), formulada por Berardino et al. (2002). Outras metodologias foram derivadas dessas propostas, tais como a *Stanford Method for Persistent Scatterers* (StaMPS), de Hooper et al. (2004), a *Stable Point Network* (SPN), de Crosetto et al. (2008),

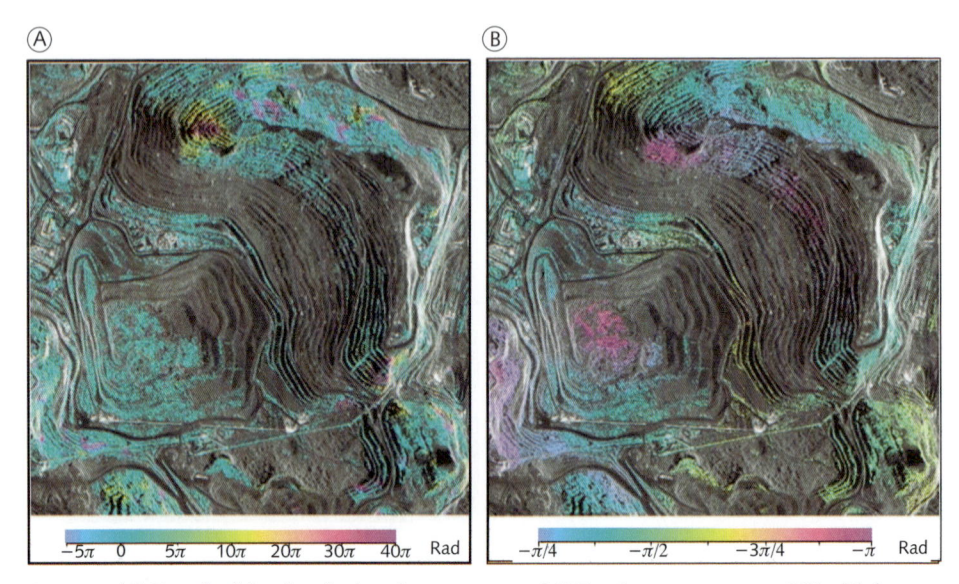

FIG. 4.14 (A) *Fase desdobrada relacionada aos erros no MDE após processamento PSI e (B) fase desdobrada relacionada ao atraso na atmosfera*

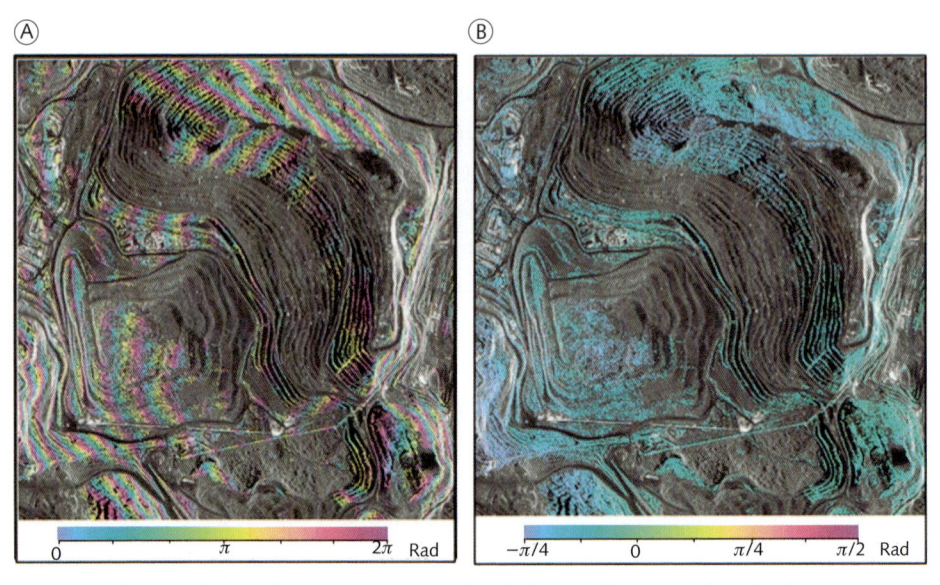

FIG. 4.15 (A) *Fase relacionada ao erro na estimativa de linha de base e (B) fase (módulo 2π) relacionada a ruídos*

e a *Persistent Scatterer Pairs* (PSP), de Constantini et al. (2010). Mais recentemente, Ferretti et al. (2011) propuseram um incremento na abordagem PSInSAR™, considerando, além dos alvos pontuais (PS), alguns alvos distribuídos estatisticamente homogêneos, os *Distributed Scatterers* (DS), como representativos de alvos pontuais persistentes, passando a tratá-los como PS e processando-os de maneira semelhante à PSInSAR™, mas com a nova denominação de SqueeSAR™.

A vantagem da técnica PSI é dada pela alta redundância dos dados, o que permite obter resultados quantitativos precisos e confiáveis (Crosetto et al., 2005). Essa técnica possibilita uma cobertura de grandes áreas, garantindo uma visão sinóptica do fenômeno deformacional que está ocorrendo regionalmente, e, por outro lado, mantém a capacidade de medir mudanças em feições individuais, como estruturas e construções. Uma vantagem importante é sua sensibilidade a pequenas deformações na superfície, com precisão milimétrica na linha de visada do SAR (±1 mm de taxa de deslocamento média e ±5 mm para medida individual), considerando-se dados em banda X.

A técnica PSI é desafiadora, pois apresenta ainda algumas limitações operacionais. A principal limitação refere-se à taxa de amostragem da aquisição das imagens, que basicamente depende do período de revisita do satélite utilizado. A capacidade de detectar um fenômeno de deformação está diretamente relacionada ao número de imagens SAR disponível. Outra limitação refere-se à resolução espacial do sensor SAR orbital utilizado. Com o surgimento de sensores SAR orbitais com período de revisita mais curto e de melhor resolução espacial, esses principais fatores limitantes estão sendo contornados. Outro fator importante está relacionado à capacidade de medir deformações ao longo da linha de visada do sensor (*line of sight*, LoS). Desse modo, não é possível detectar deslocamentos puros na direção vertical ou horizontal, mas somente movimentos ao longo da linha de visada do radar, ou seja, as deformações detectadas ficam restritas às movimentações da superfície ao longo do plano *slant-range* dos azimutes de visada, seja para órbita ascendente, seja para órbita descendente. Uma maneira de obter deslocamentos nas direções vertical e horizontal é através do uso combinado de aquisições em órbitas ascendente e descendente, como ilustrado hipoteticamente na Fig. 4.16.

Nessa figura, a seta referente a V_{real} corresponde à deformação real no terreno, as setas relativas a V_{vert} e V_{oeste} são suas componentes vertical e horizontal (E-W) e as setas correspondentes a V_{asc} e V_{desc} são as medidas ao longo das linhas de visada no *slant-range* nas órbitas ascendente e descendente. Cabe salientar que, como as órbitas dos satélites SAR são quasi-polares e o ângulo entre o traçado da órbita e o eixo NS é relativamente pequeno (< 12°), medidas A-DInSAR são pouco sensíveis para a detecção de componentes de deformação orientadas a NS. Em síntese, as componentes vertical e horizontal são muito mais robustas para a interpretação da cinemática deformacional de uma área que medidas extraídas apenas de visadas únicas em LoS.

Além disso, convém realçar que, devido à natureza ambígua da fase, que varia de 0 a 2π, a técnica PSI sofre limitações na capacidade de medir fenômenos rápidos

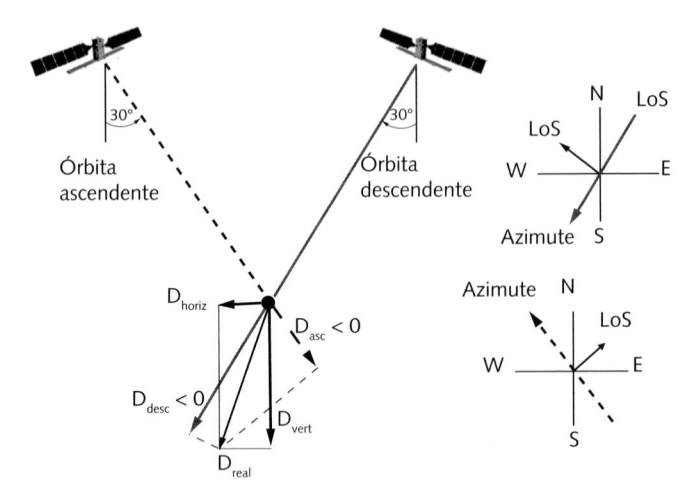

FIG. 4.16 *Extração das componentes de deformação vertical e horizontal (E-W) de um ponto P no terreno, projetadas em aquisições de geometria ascendente e descendente*
Fonte: adaptado de Tofani et al. (2013).

de deformação, que depende do comprimento de onda λ utilizado pelo sensor radar. Segundo o critério de amostragem de Nyquist, a fase devida ao deslocamento entre uma aquisição e outra não pode ser maior que π, o que corresponde a um deslocamento máximo de $\lambda/4$. Como exemplos, levando-se em conta λ e tempo de revisita, teoricamente, a máxima taxa de deformação diferencial medida seria de 25,7 cm/ano, 42,6 cm/ano e 46,8 cm/ano para os satélites TerraSAR-X, Sentinel-1 e PALSAR-2, respectivamente (Crosetto et al., 2016). O potencial para o monitoramento de deformação não uniforme melhora com o uso de sensores radar com elevadas resoluções espacial e temporal. Técnicas de interferometria SAR descritas anteriormente têm sido aplicadas em mineração com dados de satélites distintos, no monitoramento complementar de deformações rápidas usando a DInSAR e de deformações lentas com a A-DinSAR (Biescas et al., 2007).

A técnica IPTA

A abordagem *Interferometric Point Target Analysis* (IPTA), utilizada para estimar o vetor deslocamento (ϕ_{desl}) de cada ponto PS, representado na Eq. 4.14, consiste em explorar algumas características das componentes de fase, visando à separação ou à atenuação de cada uma delas.

Uma primeira característica a ser explorada é a dependência linear das componentes de fase relacionadas ao erro na elevação, de um dado PS, em relação às linhas de base do conjunto de interferogramas, segundo a seguinte relação:

$$\phi_{\varepsilon_h}^k = \frac{4\pi B_n^k}{\lambda R \mathrm{sen}\theta}\varepsilon_h \cong K_h B_n^k \varepsilon_h \qquad (4.15)$$

em que B_n^k corresponde à linha de base normal do k-ésimo interferograma, ε_h corresponde ao erro de elevação na posição do ponto PS (constante para todos os interferogramas), R é a distância média do sensor (radar orbital) ao ponto PS e θ é o ângulo de incidência no centro da imagem. Como R e senθ mudam muito pouco dentro de uma imagem orbital, pode-se considerar que parte da Eq. 4.15 é praticamente constante, representada por K_h. Como o erro de elevação ε_h e K_h são constantes para todos os interferogramas, a Eq. 4.15 representa uma equação linear de $\phi_{\varepsilon h}$ em relação a B_n. O erro no modelo de elevação (ε_h) pode ser calculado pelo coeficiente angular de uma regressão linear, considerando todas as linhas de base utilizadas.

No modelamento IPTA, assume-se inicialmente que o deslocamento superficial é linear no tempo, podendo ser representado segundo a regressão linear a seguir:

$$\varphi_{dL}^k = \frac{4\pi}{\lambda} r_{desl}^k = K_d\, r_{desl}^k \tag{4.16}$$

em que r_{desl}^k significa a variação da distância entre o sensor (radar) e o alvo (PS), relacionada ao deslocamento do PS no intervalo de tempo do k-ésimo interferograma, e K_d é a constante que transforma deslocamento em fase.

Os resíduos das duas regressões lineares estão relacionados às componentes de fase da atmosfera, ruído e uma possível componente relacionada ao deslocamento não linear do ponto PS, representada por:

$$\phi_{res}^k = D\phi^k - \phi_{dL}^k - \phi_{eh}^k \tag{4.17}$$

As componentes de fase relativas aos erros na estimativa das linhas de base (ϕ_{Bn}) são removidas através de uma filtragem espectral dos resíduos, onde são determinados os números de franjas (como pode ser observado na Fig. 4.15A) a serem removidas.

A remoção das componentes de fase relativas à atmosfera (ϕ_{atm}) é realizada através de filtros do tipo passa-baixa nas fases residuais, ou seja, passam somente as baixas frequências, e leva em conta as características dessa componente de fase de ser altamente correlacionada espacialmente na extensão da imagem (varia suavemente), como observado na Fig. 4.14B, e totalmente descorrelacionada temporalmente (a atmosfera muda a cada aquisição do satélite). A atenuação das componentes de fase relacionadas a ruídos ($\phi_{ruído}$) é realizada através de uma filtragem temporal do tipo passa-baixa, ou seja, passam somente as baixas frequências, pois o deslocamento de um PS é assumido variar de forma não brusca.

Após as estimativas das componentes de fase relacionadas à deformação e ao erro no MDE e a remoção das componentes de fase indesejadas (linha de base, atmosfera, ruídos), o que resta diz respeito à componente de fase relacionada ao deslocamento não linear da superfície. Ao final do processamento, as componentes de fase lineares (determinadas pela regressão linear) e não lineares são adicionadas, fornecendo a componente de deslocamento superficial final estimada pela técnica IPTA do k-ésimo interferograma diferencial, ou seja:

$$\phi_{desl}^k = \phi_{dL}^k + \phi_{dNL}^k \qquad (4.18)$$

O processamento IPTA é realizado de modo iterativo, ou seja, à medida que se estimam as componentes de fase do erro do modelo de elevação e do deslocamento linear, as fases residuais das regressões podem ser reprocessadas. Essa iteração pode ser realizada quantas vezes forem necessárias até que os erros de estimativa sejam minimizados. A precisão da medida de deslocamento superficial de um PS pode ser estimada através da dispersão dos valores encontrados em relação ao ponto de referência utilizado (PS_{ref}), expressa pelo desvio-padrão da taxa de deslocamento, representada por (Gamma Remote Sensing, 2013):

$$\sigma_{Vd(x,r)} = \sqrt{\sum_{k=1}^{M}\left(\frac{\lambda}{\Delta t_k 4\pi}\phi_{desl}^k - \frac{\lambda}{4\pi}\phi_{taxa\_desl}\Delta t_k\right)^2 / \Delta t_k^2} \qquad (4.19)$$

em que

$$\phi_{taxa\_desl} = \sum_{k=1}^{M}\Delta t_k \phi_{desl}^k / \sum_{k=1}^{M}\Delta t_k^2$$

sendo ϕ_{desl}^k o deslocamento de fase de um PS durante o intervalo de tempo Δ_{tk} do k-ésimo interferograma e M o número de interferogramas diferenciais.

Exemplos da utilização da técnica IPTA com dados TerraSAR-X no monitoramento de deformações em cavas de mineração de ferro e manganês em Carajás podem ser vistos em Hartwig, Paradella e Mura (2013), Pinto et al. (2015), Mura et al. (2016), Temporim et al. (2017) e Silva et al. (2017).

A Fig. 4.17 ilustra as várias etapas de processamento utilizadas na técnica IPTA para estimar a deformação de cada PS. A abordagem IPTA representada nessa figura consiste, primeiramente, em aplicar o desdobramento de fase no sentido temporal no vetor de dados de cada PS. Em seguida, é realizada uma regressão bilinear na fase desdobrada, explorando duas características importantes: a primeira é que as componentes de fase relacionadas ao erro na elevação (ϕ_{eh}) possuem uma relação linear com as linhas de base (primeira regressão), e a segunda é que se assume que o deslocamento superficial (ϕ_{def}) segue um modelo linear de deformação no tempo (segunda regressão).

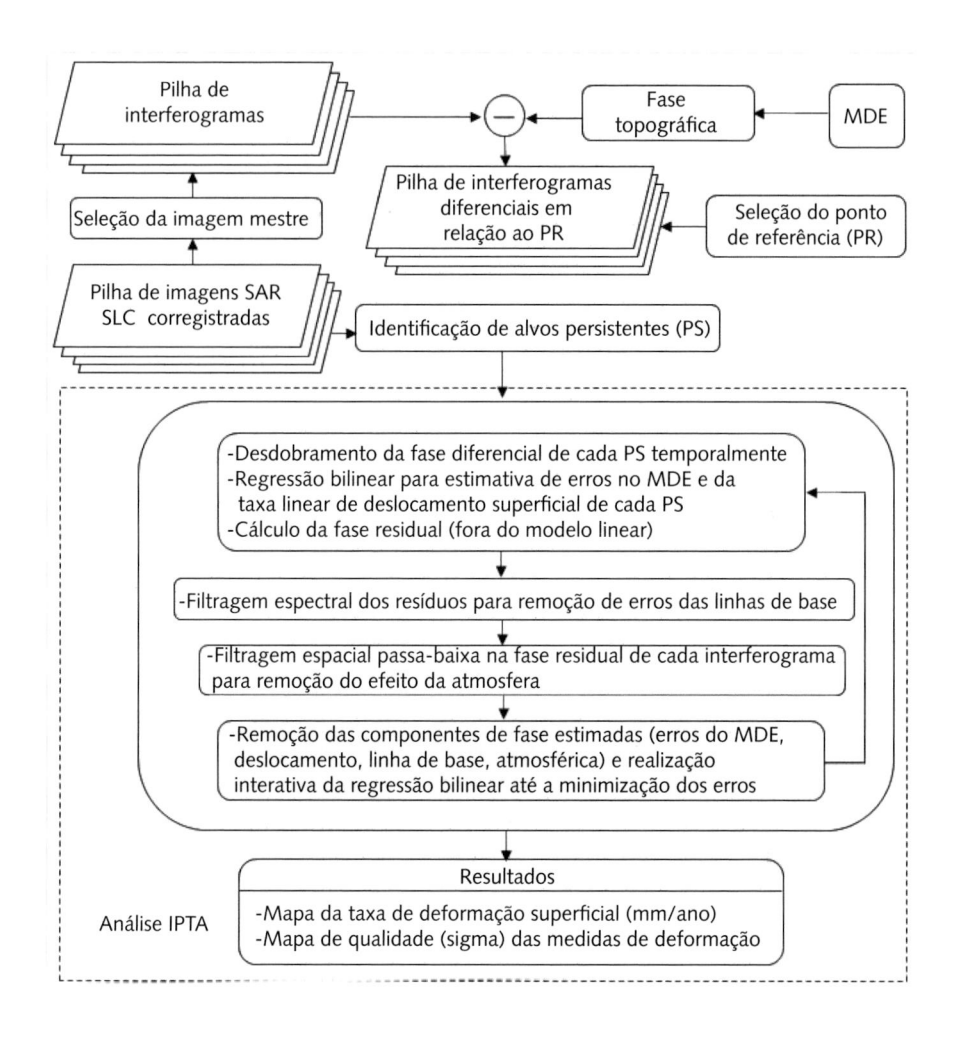

FIG. 4.17 *Fluxograma das etapas principais de processamento da modelagem PSI (IPTA)*

A combinação SBAS com IPTA

A ideia de combinar as técnicas SBAS e PSI para alcançar a detecção de altas taxas de deformações lineares e não lineares, em plena resolução das imagens SLC, tem sido aplicada com sucesso (Mura et al., 2016; Mura et al., 2018). Nessa abordagem, o resultado da técnica SBAS fornece a primeira correção do MDE, bem como o deslocamento superficial da área em estudo, devendo-se lembrar que essa técnica trabalha com dados *multi-look*, ou seja, filtrados e reamostrados espacialmente, para a subsequente análise PSI na determinação da deformação remanescente e do erro topográfico em plena resolução. Esse procedimento torna a análise PSI mais eficaz e com uma melhoria significativa dos resultados em área de grande abrangência (Silva et al., 2017).

A Fig. 4.18 mostra o fluxograma de processamento dessa combinação de técnicas. Primeiramente, gera-se o conjunto de interferogramas multirreferenciados (como ilustrado na Fig. 4.6) e, em seguida, aplica-se uma filtragem e uma reamostragem espacial (técnica *multi-look*); na fase seguinte, os interferogramas são desdobrados espacialmente, gerando o conjunto de interferogramas desdobrados (ϕ_{ObML}), que são então processados pela técnica SBAS, resultando na determinação das componentes de fase do erro topográfico (ϕ_{topo}) e do vetor deslocamento superficial (ϕ_{disp}), como representado na Eq. 4.12. Como a filtragem dos interferogramas pela técnica *multi-look* perde resolução espacial, os resultados SBAS devem ser reamostrados para a resolução das imagens SLC (ϕ_{Tp}, ϕ_{Dp}), uma vez que a técnica PSI trabalha com os dados em plena resolução. O vetor deslocamento superficial reamostrado (ϕ_{Dp}) está referenciado ao início da série, ou seja, no instante t_0; como a técnica PSI é referenciada a uma imagem mestre, esse vetor deve ser rearranjado para que as componentes de fase fiquem relacionadas à imagem de referência (ϕ_{DMref}).

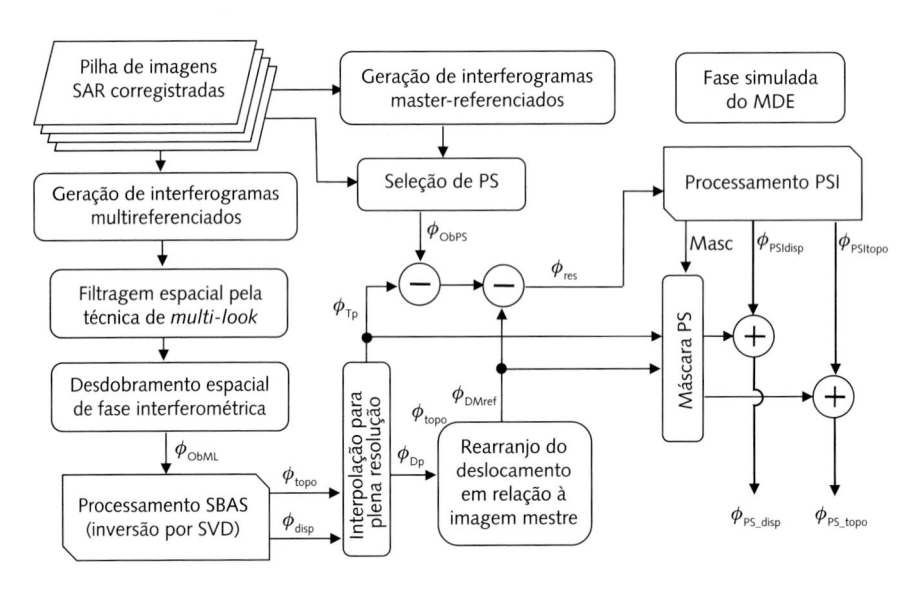

FIG. 4.18 *Fluxograma das etapas do processamento combinando SBAS com IPTA*

Na segunda etapa do processamento, gera-se o conjunto de interferogramas master-referenciados (como ilustrado na Fig. 4.10); determina-se o conjunto de pontos persistentes (PS) através da pilha de imagens corregistradas e atribui-se a cada um deles seu vetor de fase correspondente (ϕ_{ObPS}) extraído dos interferogramas (como representado na Eq. 4.14). Desse vetor de fase subtraem-se as componentes de fase referentes ao erro do MDE (ϕ_{Tp}) e do deslocamento (ϕ_{DMref}) obtidas através da técnica SBAS, resultando em um vetor de fase residual (ϕ_{res}), que é então submetido a análise PSI para a determinação das componentes de fase residuais referentes ao erro do MDE ($\phi_{PSItopo}$) e do deslocamento ($\phi_{PSIdisp}$). A solução final é obtida pela adição das componentes das análises PSI e SBAS, apenas para PS que passaram pelos critérios do processamento PSI, representados por uma máscara (máscara PS), resultando no vetor final de deslocamento (ϕ_{PS_disp}) e no valor do erro do MDE (ϕ_{PS_topo}) de cada PS.

A técnica SqueeSAR™

A abordagem SqueeSAR™ (Ferretti et al., 2011) incorpora na técnica PSI o conceito de espalhadores distribuídos (*Distributed Scatterer*, DS), que são *pixels* de áreas extensas caracterizados por retroespalhamento menos intenso que os dos PS, mas estatisticamente homogêneos, como ilustrado na Fig. 4.19.

Através dessa técnica, é possível detectar deslocamentos em regiões com espalhadores distribuídos, com a mesma acurácia das análises com PS. Os DS tipicamente correspondem a áreas sem grande cobertura vegetal, onde a densidade de PS tende a ser baixa ou ausente. Como resultado, tem-se um ganho de informação, visto que há um incremento na confiança de detecção de movimentos pelo aumento na cobertura de pontos de áreas mais diversificadas, com a inclusão da contribuição de alvos relacionados com áreas homogêneas e de baixa refletividade.

O procedimento para determinar os alvos distribuídos (DS) consiste em aplicar um filtro adaptativo que preserve os alvos persistentes (PS) e que seja capaz de calcular a média de *pixels* estatisticamente homogêneos apenas. O elemento-chave do

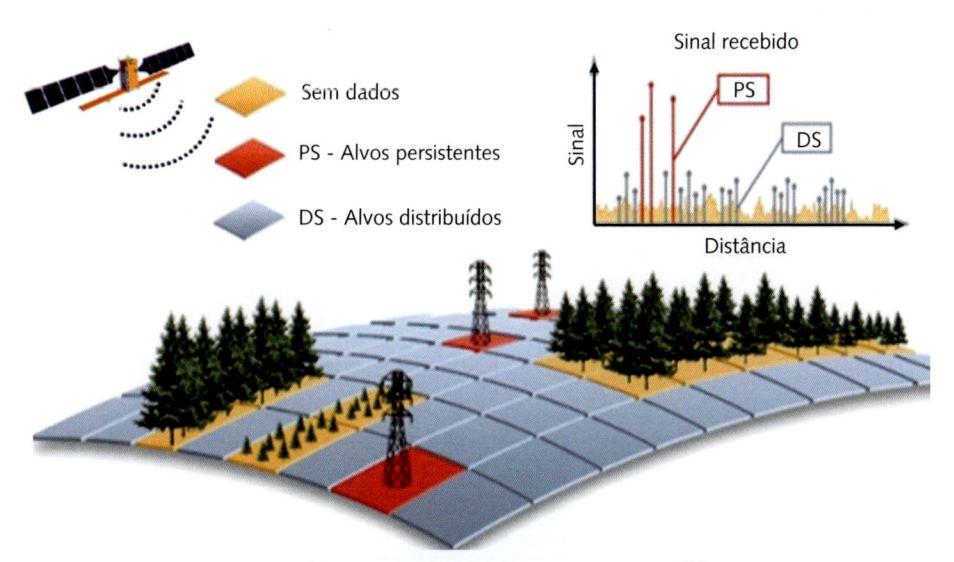

FIG. 4.19 *Tipos de alvos e classificações segundo seu uso em SqueeSAR™*
Fonte: adaptado de Ferretti et al. (2011) e TRE-ALTAMIRA (2019).

procedimento de filtragem adaptativa espacial é a definição de um teste estatístico capaz de discriminar se dois *pixels*, pertencentes a uma pilha de dados interferométricos, podem ser considerados estatisticamente homogêneos ou não. Essa determinação é obtida através do teste não paramétrico de Kolmogorov-Smirnov (KS) de duas amostras (Stephens, 1970) de vetores de dados reais (amplitude das imagens), para determinar quão próximas estão suas distribuições. Após a identificação de alvos distribuídos (DS) apropriados, estes são tratados com o mesmo procedimento de processamento interferométrico de alvos pontuais (PSI).

A Fig. 4.20 ilustra o fluxograma de processamento da técnica SqueeSAR^{TM} a partir de uma pilha de imagens SAR corregistradas no formato SLC.

A técnica SqueeSAR^{TM} é baseada na resolução do sistema de equações representado na Eq. 4.14 para cada PS. Por ser um sistema não linear devido à variação cíclica da fase (0 a 2π), a solução é obtida de maneira iterativa. Inicialmente os

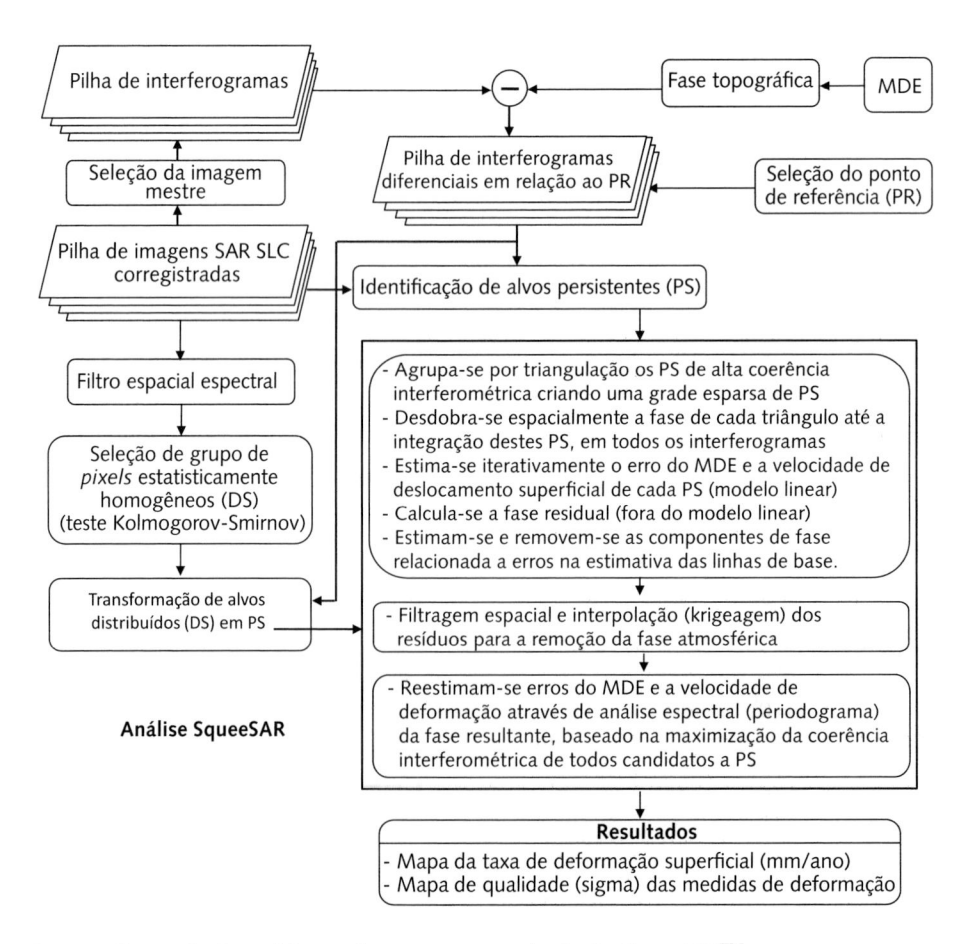

FIG. 4.20 *Ilustração da modelagem de processamento da técnica SqueeSAR^{TM}*

PS são selecionados segundo um limiar de coerência interferométrica temporal, computados dos M interferogramas; em seguida são agrupados, formando uma grade triangular esparsa de PS, como exemplificado na Fig. 4.21. Para cada conexão é realizado o desdobramento de fase, normalmente utilizando algoritmo do tipo *Minimum Cost Flow* (MCF), descrito por Constantini (1998), resultando em uma teia de pontos com fases espacialmente desdobradas. A partir dessas componentes de fase, inicia-se o processamento iterativo para a obtenção do mapa de deslocamento superficial da área de interesse.

Através das fases desdobradas, estima-se de maneira iterativa e incremental o erro do MDE (ε_h) e a velocidade de deslocamento superficial (v_{desl}) de cada PS (assumindo modelo linear de deslocamento), utilizando como métrica a norma vetorial da coerência interferométrica temporal. Inicialmente não se levam em conta as componentes de fase relacionadas à atmosfera e aos erros de estimativa das linhas de base e de ruídos.

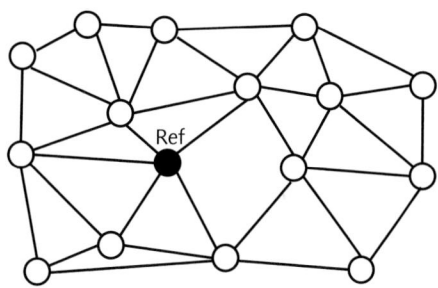

FIG. 4.21 *Ilustração de uma grade esparsa de PS (triangular) baseada em altos valores de coerência interferométrica temporal*

O algoritmo procura na prática achar uma solução no espaço bidimensional (ε_h, v_{desl}) da seguinte maneira: inicialmente, para um dado PS, os valores do erro do MDE e da velocidade de deslocamento superficial são inicializados com zero (Eq. 4.20). Em seguida, incrementa-se o valor de erro do MDE e da velocidade de deslocamento (Eq. 4.21). No passo seguinte, computa-se o vetor de fase (de todos os interferogramas) devido ao novo valor de erro do MDE (Eq. 4.22) e o vetor de fase da velocidade de deslocamento (Eq. 4.23). Na etapa final (Eq. 4.24), computam-se as normas das diferenças dos vetores entre passo n e o passo $n-1$, para estimar o erro do MDE e a velocidade de deslocamento. Caso as duas condições atinjam os limiares escolhidos (T_h e T_v), no loop do n-ésimo valor de n, os valores de erro do MDE (ε_h) e da velocidade de deslocamento superficial (v_{desl}) (taxa linear) são tomados como a solução para essas duas variáveis, e encerra-se o *loop*.

Inicializa ($n = 0$):

$$\varepsilon_h^{(0)} = v_{desl}^{(0)} = 0 \qquad (4.20)$$

Incrementa n:

$$\varepsilon_h^{(n)} = \varepsilon_h^{(n-1)} + \delta_h \; ; \; v_{desl}^{(n)} = v_{desl}^{(n-1)} + \delta_v \qquad (4.21)$$

$$\vec{\phi}_h^{(n)} = K_h \left[B_{n1}\varepsilon_h^{(n)}, B_{n2}\varepsilon_h^{(n)}, \ldots, B_{nM}\varepsilon_h^{(n)} \right] \qquad (4.22)$$

$$\vec{\phi}_v^{(n)} = K_d \left[\Delta_{t1} v_{desl}^{(n)}, \Delta_{t2} v_{desl}^{(n)}, \ldots, \Delta_{tM} v_{desl}^{(n)} \right] \quad (4.23)$$

$$\text{para } n > 1, \text{ se } \left\| \vec{\phi}_h^{(n)} - \vec{\phi}_h^{(n-1)} \right\|_{L\infty} < T_h \text{ e } \left\| \vec{\phi}_v^{(n)} - \vec{\phi}_v^{(n-1)} \right\|_{L\infty} < T_v \quad (4.24)$$

Sai do loop, caso contrário incrementa n, onde o índice n é o contador de iteração, δ_h é o valor de incremento da elevação, δ_v é o valor de incremento da velocidade de deslocamento superficial, K_h é a constante relacionada ao erro altimétrico (Eq. 4.22), K_d é a constante relacionada à velocidade de deslocamento (Eq. 4.23), B_n é a linha de base normal entre as imagens que formam um interferograma, Δt é o intervalo de tempo entre as aquisições das imagens que formam um interferograma (linha de base temporal), $\|x\|_{L\infty}$ = máximo $\{|x|\}$ (norma do vetor x), e T_h e T_v são os valores limiares escolhidos para a norma do vetor do erro de elevação e da velocidade de deslocamento, respectivamente.

Na etapa seguinte do algoritmo, subtraem-se as componentes de fase relacionadas ao erro de elevação e da taxa linear de deslocamento (encontradas anteriormente) das componentes de fase originais representadas na Eq. 4.14 para todos os pontos da grade esparsa de PS. As componentes de fase residuais resultantes são filtradas espacialmente (filtro passa-baixa) e analisadas espectralmente (no domínio da frequência), onde suas componentes lineares de fase nas direções de range e azimute são estimadas e removidas. Essas componentes lineares de fase são devidas aos erros na estimativa de linha de base de cada interferograma (ϕ_{Bn}), bem como de componentes lineares relacionadas com a fase atmosférica.

Os resíduos de fase resultantes dos processamentos anteriores, que estão em uma grade esparsa de PS em cada interferograma, são filtrados espacialmente por filtros passa-baixa (considerando que a fase atmosférica varia suavemente dentro de um interferograma). Em seguida, são interpolados espacialmente por *krigagem* para formar grades regulares de pontos chamadas de *Atmospheric Phase Screen* (APS), relacionadas aos componentes da fase atmosférica (ϕ_{atm}). Essas componentes são removidas das componentes de fase diferencial originais de todos os PS (Eq. 4.14).

Após a remoção das componentes de fase atmosférica e dos erros das linhas de base, refinam-se as estimativas dos erros do MDE e da velocidade de deslocamento superficial de todos os PS. Esse processamento é realizado através da estimação espectral (periodograma) das M amostras de fase diferencial (irregulares no tempo) de cada interferograma em cada PS, no espaço bidimensional (ε_h, v_{desl}). A solução consiste em achar no periodograma (Eq. 4.25) os valores ε_h e v_{desl} que forneçam a máxima coerência interferométrica γ_L em cada PS. Caso a coerência máxima encontrada seja menor que um limiar estabelecido, o PS é descartado.

$$\text{argmax}_{(\varepsilon_h, v_{desl})} \left\{ |\gamma_L| = \left| \frac{1}{M} \sum_{k=1}^{M} \exp\left(\phi_L^k\right) \exp\left[-j\left(K_h B_n^k \varepsilon_h^k + K_d \Delta_t^k v_{desl}\right)\right] \right| \right\} \quad (4.25)$$

em que ϕ_L é o valor da fase diferencial após a remoção da componente de fase atmosférica e do erro nas estimativas das linhas de base, ε_h e v_{desl} são as variáveis a serem determinadas e γ_L é o valor da coerência interferométrica temporal estimada dos M interferogramas diferenciais.

Na etapa final, subtraem-se da fase diferencial ϕ_L de cada PS as componentes de fase dos erros do MDE e do deslocamento superficial estimado, resultando em uma fase residual que pode estar relacionada a deslocamentos não lineares. Filtram-se espacialmente (filtro passa-baixa) as fases residuais dos interferogramas e adicionam-se as fases resultantes (ϕ_{rNL}) de cada PS no vetor de deslocamento obtido na etapa anterior, ou seja:

$$\phi_{desl}^k = K_d \Delta_t^k v_{desl} + \phi_{dNL}^k \quad (4.26)$$

A Fig. 4.22 ilustra um exemplo do resultado do processamento SqueeSAR™ utilizando apenas PS (A) e o resultado quando utilizados em conjunto os conceitos de PS e DS (B). Nota-se um ganho do número de pontos analisados quando os dois conceitos são utilizados conjuntamente. Detalhes do uso da técnica SqueeSAR™ no monitoramento de deformações nas minas de ferro de Carajás com dados TerraSAR-X podem ser encontrados em Paradella et al. (2015c).

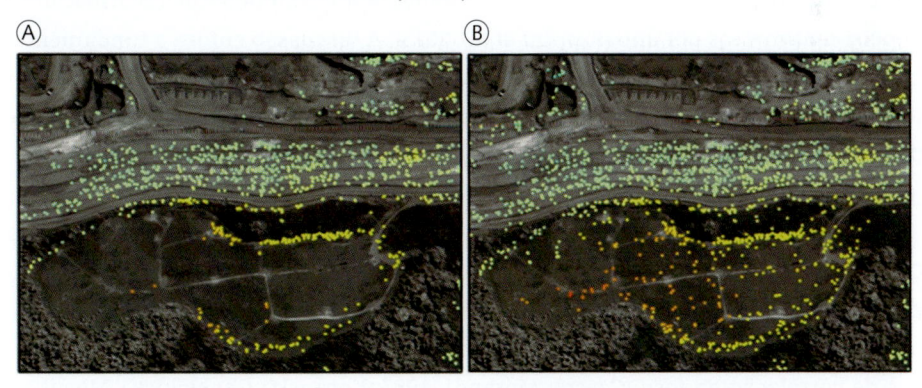

FIG. 4.22 *Resultado do processamento PSI com a metodologia SqueeSAR™ em um trecho da mina N4E de Carajás explorando (A) apenas os PS e (B) PS e DS conjuntamente*

4.2 EXPLORANDO O ATRIBUTO DA AMPLITUDE EM MEDIDAS DE DEFORMAÇÃO

Qualquer imagem SAR fornece informação de atributos de fase e amplitude do sinal retroespalhado. Quando há uma elevada perda de coerência entre as imagens interferométricas, não é possível aplicar a técnica de interferometria diferencial para a detecção de deformações superficiais no tempo. Embora menos acurado, o uso de amplitude apresenta uma alternativa com duas vantagens em relação à A-DInSAR: (1) o processamento é conduzido através de deslocamentos de subáreas (*patches*) entre duas imagens de amplitude de modo independente, possibilitando uma estimativa do deslocamento (*offset*) no terreno nas dimensões em range e azimute, ao passo que a A-DInSAR, como visto, só fornece informação do vetor de deslocamento ao longo da dimensão em alcance (LoS), e (2) a abordagem não requer o uso de desdobramento de fase, permitindo obter informações de movimentos de magnitudes mais rápidas e intensas, cujos gradientes de deformação excedem o limite de detecção de ± π da fase interferométrica e que, portanto, não são passíveis de detecção com a A-DInSAR.

Durante o processo de desdobramento de fase, ambiguidades relacionadas ao número de ciclos (2π) a ser adicionado à fase interferométrica desdobrada (módulo de 2π) podem ser subestimadas ou ser tecnicamente de tratamento insolúvel, no que é conhecido como efeito *aliasing*. Esse efeito depende do gradiente espacial do campo de deslocamento, da cinemática da deformação, da distribuição espacial dos PS detectados e da amostragem temporal das aquisições (tempo de revisita do satélite). Como consequência, uma limitação é imposta à detecção de movimentos maiores que $\lambda/4$ ao longo da LoS, entre dois PS vizinhos e duas aquisições consecutivas. Isso resulta que as deformações passíveis de detecção pelas técnicas A-DInSAR são restritas a fenômenos com uma dinâmica muito lenta, com taxas de deformação de poucos centímetros por ano (Raspini et al., 2015). A discussão enfoca a fundamentação do uso da amplitude do sinal retroespalhado, com técnicas capazes de monitorar taxas de deformação que excedem aquelas monitoradas pela A-DInSAR, na ordem de dezenas de centímetros a dezenas de metros.

4.2.1 Determinando o deslocamento entre duas janelas de amplitude

O uso de medidas de deslocamento através de valores de amplitude remete basicamente à tarefa de determinar o deslocamento entre duas imagens, ou janelas de imagem, normalmente realizada por métodos de correlação. Historicamente, métodos de correlação de fase (Castro; Morandi, 1987; Kotynski; Chalasinska-Macukov, 1966; Reddy; Chatterji, 1996; Michel; Avouac; Taboury, 1999; Abdelfattah; Nicolas, 2004) têm sido empregados para determinar deslocamentos, principalmente para fins de registro entre imagens. Assim, sejam duas imagens (ou janelas de imagens) im_1 e im_2 com características semelhantes, mas deslocadas de (x_0, y_0) entre elas, ou seja:

$$im_2(x,y) = im_1(x - x_0, y - y_0) \qquad (4.27)$$

O deslocamento (x_0, y_0) pode ser estimado através do valor máximo da função de correlação cruzada bidimensional. O método de correlação de fase consiste inicialmente em colocar as imagens im_1 e im_2 no domínio da frequência, ou seja:

$$IM_1(\xi, \eta) = DFT(im1) \qquad (4.28)$$

$$IM_2(\xi, \eta) = DFT(im2) \qquad (4.29)$$

em que DFT é a transformada discreta de Fourier e (ξ, η) são as coordenadas no domínio da frequência.

As imagens IM_1 e IM_2 estão relacionadas por uma diferença de fase da seguinte maneira:

$$IM_2(\xi, \eta) = e^{-j2\pi(\xi x_0 + \eta y_0)} \times IM_1(\xi, \eta) \qquad (4.30)$$

A segunda etapa do método de correlação de fase consiste em determinar o espectro de potência cruzado entre im_1 e im_2, definido por:

$$\frac{IM_1(\xi, \eta) IM_2^*(\xi, \eta)}{\left| IM_1(\xi, \eta) IM_2^*(\xi, \eta) \right|} = e^{j2\pi(\xi x_0 + \eta y_0)} \qquad (4.31)$$

O teorema do deslocamento da transformada de Fourier (Fourier shift theorem – Lyons, 2004) garante que a fase do espectro de potência cruzado é equivalente à diferença de fase entre as duas imagens no domínio da frequência, que por sua vez é equivalente ao deslocamento espacial entre elas. Tomando-se a transformada de Fourier inversa (DTF^{-1}) do espectro de potência (Eq. 4.31), como representado na Eq. 4.32, obtém-se uma imagem de correlação que é aproximadamente zero em toda a sua extensão, exceto por um impulso na posição que representa o deslocamento (x_0, y_0).

$$PC(x,y) = DFT^{-1}\left(\frac{IM_1(\xi, \eta) IM_2^*(\xi, \eta)}{\left| IM_1(\xi, \eta) IM_2^*(\xi, \eta) \right|} \right) \qquad (4.32)$$

A Fig. 4.23 ilustra duas janelas de imagens de amplitudes SAR adquiridas nos tempos (A) t_0 e (B) t_1, com 14 dias entre aquisições, onde (B) está deslocada de três *pixels* na direção x e de dois *pixels* na direção y. A Fig. 4.24 representa a imagem de correlação

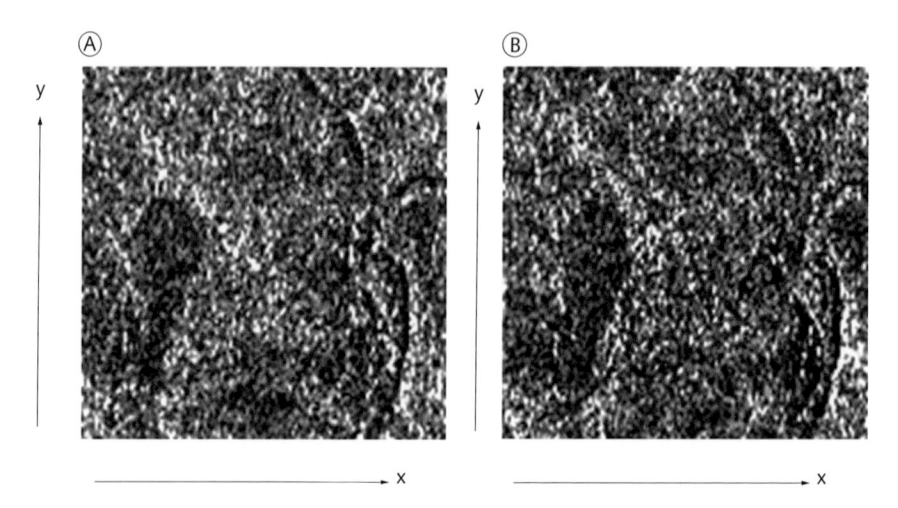

FIG. 4.23 *Janelas de imagens SAR SLC adquiridas nos tempos (A) t_0 e (B) t_1, com deslocamento espacial entre elas*

de fase entre as imagens da Fig. 4.23, mostrando o pico de valor máximo da correlação na posição x igual a 3 e y igual a 2, que representa o deslocamento espacial entre elas.

Duas técnicas têm sido utilizadas como derivações da discussão anterior explorando o atributo de amplitude de imagens SAR: a *Speckle Tracking* e a *Intensity Tracking*. Essas duas técnicas foram avaliadas pelos autores deste livro no monitoramento de deformações de pilhas de estéril da mineração de ferro em Carajás com dados

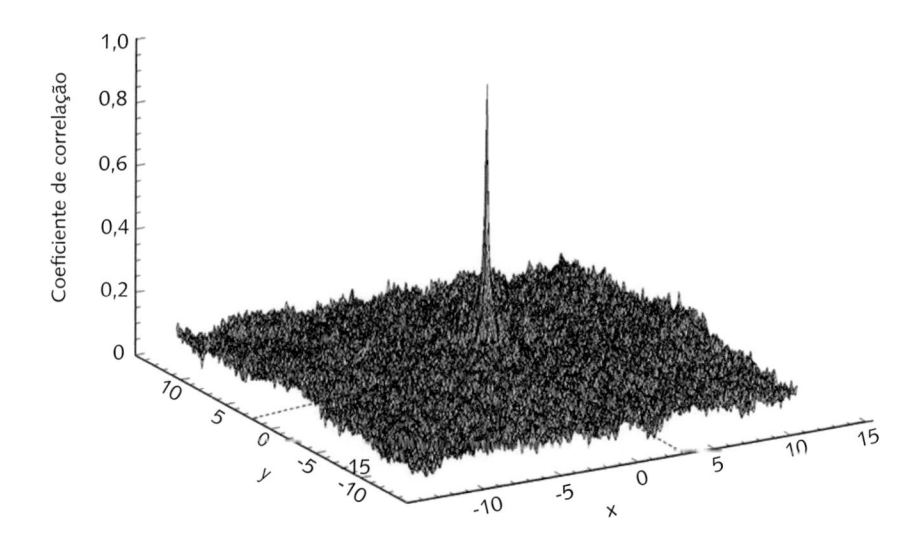

FIG. 4.24 *Imagem de correlação de fase das imagens da Fig. 4.23, adquiridas nos tempos t_0 e t_1, com deslocamento espacial entre elas*

TerraSAR-X, mas, pelos melhores resultados, somente a *Speckle Tracking* será aqui resumidamente discutida. Contudo, para os interessados, detalhes sobre a técnica *Intensity Tracking* podem ser vistos em Victorino (2016).

4.2.2 A técnica *Speckle Tracking*

A técnica *Speckle Tracking* (ST), em essência, explora a correlação dos padrões de *speckle* de imagens SAR distintas temporalmente na detecção de mudanças na superfície. Trata-se de uma técnica de processamento de dados de radar baseada na detecção do deslocamento (*offset*) de características identificáveis de uma série de imagens de amplitude no tempo. O sucesso na estimativa de um *offset* local depende da presença de características idênticas (feições) entre as duas imagens na escala das áreas (*patches*) utilizadas. Quando a coerência interferométrica é preservada, o padrão do ruído *speckle* das duas imagens é correlacionado, e o rastreamento da intensidade com pequenos *patches* pode ser realizado com boa acurácia (Strozzi et al., 2002). Esse tipo de análise torna possível realizar medidas de deslocamento 2D a partir de imagens SAR, na direção do alcance (*range*) e de azimute.

A ST é baseada na correlação cruzada de imagens de amplitude assumindo que o campo de deformação possa ser modelado localmente em pequenas subáreas da cena, por uma translação que varia de modo suave sobre vários *pixels*. As duas componentes da translação espacial são derivadas do pico de correlação cruzada local, ligado à presença de padrões coerentes de *speckle*, assumidos como similares em pequenas áreas (janelas) em duas aquisições temporais. De acordo com Michel e Rignot (1999), a correlação é computada entre as duas janelas (*a* e *b*), que se deslocam por translação por uma distância μ (colunas) e v (linhas) nas imagens. A aplicação da transformada de Fourier e sua inversa fornece as coordenadas de μ e v do deslocamento no domínio da frequência e com pico de correlação máxima nessa posição. As coordenadas espaciais (range × azimute) desse pico máximo permitem a determinação em escala de sub-*pixel* do deslocamento (μ e v).

Segundo Kääb (2005), a técnica ST foi inicialmente concebida para aplicação no tratamento de pares de imagens ópticas, com o propósito de medir deslocamentos de superfície de geleiras. O algoritmo ST aplicado em imagens SAR não exige a identificação de características especiais sobre a área de interesse, mas explora a correlação do padrão do ruído *speckle* das imagens, um fenômeno presente em todos os sistemas de medição coerentes. Deslocamentos de órbita na direção do alcance são relacionados com a linha de base, enquanto deslocamentos na direção de azimute são afetados pela mudança da linha de base ao longo da órbita, e, dessa forma, necessita-se de um ponto estável de referência para a definição do *offset* de órbita. Uma interpolação bilinear é realizada para determinar o *offset* global entre as imagens SAR e, em seguida, é subtraído o *offset* orbital em *slant-range* e em azimute, resultando na medida de deslocamento dentro do espaçamento de *pixel* (Strozzi et al., 2002).

Um algoritmo ST baseado nessa correlação dos padrões de *speckle* indicativos da posição do pico máximo da função da correlação cruzada, e com o uso adicional da razão entre o máximo dessa função e outro máximo local dependente da relação sinal-ruído, foi implementado pela empresa italiana TRE com a denominação comercial de *Rapid Motion Tracking* (RMT). A RMT fornece uma estimativa do vetor de deslocamento ao longo das direções da linha de visada (range) e de azimute (norte--sul) com precisão na ordem de frações (1/50 a 1/20) da resolução espacial dos *pixels* das imagens, dependendo do nível de coerência e do número de *pixels* contidos nas janelas da análise (Raspini et al., 2015). Por ser o RMT um *software* dedicado, não disponível comercialmente, somente seus resultados finais foram disponibilizados, sob contrato com a TRE, para o monitoramento de recalques em pilhas de disposição de estéril de minério de ferro em Carajás. Devido às características desses alvos, com grandes taxas de deformações causadas pela intensa atividade operacional e pela descorrelação temporal decorrente da precipitação, o que implicava a impossibilidade de uso das técnicas A-DInSAR (SqueeSAR^{TM}, IPTA, SBAS etc.), o uso da ST forneceu resultados bem-sucedidos quando comparados com a validação topográfica de campo (Paradella et al., 2015c). Uma ilustração de resultado com a RMT será mostrada no capítulo seguinte deste livro.

4.3 O USO COMPLEMENTAR DAS INFORMAÇÕES DE FASE E AMPLITUDE

As discussões conduzidas neste capítulo indicam que somente através de uma abordagem complementar e sinérgica, baseada na extração da informação de fase e amplitude, é possível maximizar a detecção de deformações de alvos na mineração. Como visto, a fase está ligada à distância sensor-alvo e é usada nas aplicações interferométricas para medir movimentação com taxas mais lentas no tempo (InSAR e A-DInSAR). A amplitude está relacionada com a energia do sinal retroespalhado e é utilizada para medir deformações mais intensas e mais rápidas (*Speckle Tracking* e *Intensity Tracking*). Resultados em literatura indicam desempenho muito similar das diferentes técnicas A-DInSAR (SqueeSAR^{TM}, IPTA, SBAS e SPN) na detecção de deformações de superfície (Raucoles et al., 2009; Shanker et al., 2011). A vantagem da SqueeSAR^{TM} está relacionada com a detecção de um maior número de pontos de medidas pela combinação de PS e DS.

Conceitos importantes nessa discussão referem-se à precisão e à acurácia das medidas de DInSAR, um assunto bem tratado por Ferretti (2014). Desse modo, precisão e acurácia não são termos sinônimos em Geodésia e devem ser mais bem explicados no contexto de uso operacional da tecnologia. Assim, uma técnica é considerada de elevada acurácia quando fornece dados muito próximos do valor verdadeiro (correto) da quantidade em análise. A técnica é classificada de alta precisão quando suas repetições de medidas fornecem dados consistentes e próximos entre si, mesmo quando afetados por erros sistemáticos criando um viés (*bias*).

Outros dois importantes conceitos que merecem destaque são acurácias absolutas e relativas. No caso de medidas com *Global Navigation Satellite Systems* (GNSS), por exemplo, acurácias absolutas são estimadas em função de quão próximo o conjunto de medidas de coordenadas de um ponto está em relação ao valor assumido como verdadeiro (correto) do sistema de referência do planeta, enquanto acurácias relativas fornecem uma medida de quão próximo o vetor entre dois pontos é medido. Desse modo, considerando-se que todas as medidas com InSAR são intrinsecamente relativas, acurácias absolutas de coordenadas de pontos medidos InSAR dependem das coordenadas do ponto de referência usado na abordagem. Qualquer erro no posicionamento do ponto escolhido como referência implicará um viés, afetando todos os pontos medidos, e, em geral, dados InSAR são geocodificados usando informação disponível previamente para calibração das coordenadas geográficas. Todavia, na grande maioria das aplicações com InSAR, acurácias relativas de coordenadas de PS/DS são muito mais importantes que acurácias absolutas, já que qualquer deslocamento sistemático introduzido *a priori* não tende a comprometer a extração da informação derivada dos dados e sua consequente interpretação. Deve ainda ser realçado que as coordenadas geográficas de qualquer ponto de medida InSAR dependem ainda de sua elevação, que é estimada no processamento interferométrico. Quanto maior a resolução espacial do SAR orbital empregado, melhor a precisão da geocodificação do ponto, mas, desde que sua elevação é derivada dos valores de fase, o erro do posicionamento é dependente também das características técnicas do sensor e do processamento interferométrico usados (Ferretti, 2014). No Quadro 4.1 são apresentados valores típicos esperados de medidas de deformação com diferentes técnicas utilizando os atributos de fase e de amplitude do sinal retroespalhado.

Um aspecto importante a ser considerado é que, quando se emprega a tecnologia de interferometria SAR no monitoramento de deformações, a disponibilidade de sistemas orbitais com diferentes bandas amplia o espectro de opções para uso na mineração. A escolha da banda exerce um papel importante no sucesso dos resultados. De modo geral, sistemas operando em banda X (~3 cm) fornecem dados com resolução espacial melhor, o que implica densidade maior de pontos medidos, com precisão milimétrica de taxa deformacional, mas com limitações na detecção de movimentos intensos (> $\lambda/4$) entre imagens consecutivas e pontos vizinhos, e menor cobertura em área. Contudo, como essas missões operam em

QUADRO 4.1 TÉCNICAS DE MEDIDAS DE DEFORMAÇÃO COM DADOS SAR E PRINCIPAIS CARACTERÍSTICAS

	DInSAR (interferograma simples)	A-DInSAR (SqueeSAR™, IPTA e SBAS)	Amplitude (Speckle Tracking e Intensity Tracking)
Intervalo de movimento	Deslocamento maior que poucos centímetros	Taxa de deslocamento: menor que poucos centímetros/ano	Taxa de deslocamento: maior que poucos centímetros/ano
Número mínimo de aquisições	2	15-20	10
Precisão da medida (1σ)	Centimétrica, com intervalo de tempo pequeno entre as aquisições	Estimativa de velocidade em LOS: milímetros/ano. Medida isolada: em torno de 5 mm	De poucos a dezenas de centímetros
Precisão de posicionamento (1σ)*	–	Banda X: 1 m (E), 3 m (N) e 1,5 m (altura). Banda C: 7 m (E), 2 m (N) e 1,5 m (altura)	–
Resolução espacial	Dezenas de pixels (dezenas de metros)	Ponto isolado como alvo	50-100 pixels (centenas de metros)
Componente da movimentação	1D (alcance) 2D (vertical, EW)	1D (alcance) 2D (vertical, EW)	2D (alcance e azimute) 3D (vertical, NS, EW)

*Valores típicos de um PS localizado a ≤ 4 km do ponto de referência, usando-se o mínimo de 30 imagens.
Fonte: adaptado de Ferretti (2014) e TRE-ALTAMIRA (2019).

constelação (TerraSAR-X/TanDEM-X/PAZ e COSMO-Skymed), o tempo de revisita menor ajuda, em parte, a relaxar essa limitação de detecção de movimentos mais intensos. Dados em banda C (RCM e Sentinel-1), de modo geral, permitem maior cobertura em área, com resolução espacial menor, o que resulta em menor densidade de pontos medidos e precisão das medidas aproximadamente igual à da banda X, porém possibilitam detecção de movimentação com cinemática um pouco mais intensa, posto que o λ usado é o dobro (~6 cm). O impacto do advento recente de dados em banda C da RCM, com melhor qualidade em resolução espacial e menor tempo de revisita, ainda carece de avaliação.

Finalmente, os dados em banda L (~23 cm), particularmente os do ALOS/PALSAR- 2, têm cobertura global e produzem interferogramas com maior coerência que os anteriores, pois são menos afetados pela descorrelação temporal devida a mudanças nas condições da superfície com o tempo, mas fornecem menos detalhes de deslocamentos no tempo e no espaço (revisitas e resolução espacial piores). A sensitividade da banda L a deslocamento de pequena magnitude é menor que nas bandas X e C, porém a cobertura espacial de pontos medidos que podem ser detectados em áreas de cobertura vegetal tende a ser muito maior, pela maior penetração no dossel e resposta do substrato. Além disso, dada uma certa frequência temporal de aquisições (~20 imagens/ano), o uso da banda L é a melhor alternativa para monitorar deslocamentos de cinemática mais intensa e mais rápida (intervalo deformacional de cm-dm), posto que efeitos de *phase aliasing* são menos prováveis de ocorrer. Em síntese, opções existem com diferentes sistemas orbitais operando atualmente, e a tecnologia DInSAR cada vez mais torna realidade a transformação de imagens SAR em mapas de deformação para uso em várias aplicações. No caso específico da indústria mineral, possibilita medidas de deformação na escala de milímetros a metros de toda a superfície de operação (cavas, pilhas de estéril, barragens de rejeitos etc.), da infraestrutura e ativos relacionados, sem a instalação de qualquer equipamento de campo, monitorando grandes áreas em um curto período de tempo e a baixo custo, quando comparado com as técnicas convencionais. O capítulo a seguir enfoca aspectos da aplicação de DInSAR com dados orbitais no monitoramento de deformações em minas a céu aberto de ferro em Carajás e em barragem de rejeitos minerais (Fe) em Mariana.

5

Aplicações na mineração

A técnica DInSAR e suas variações, quando utilizadas no monitoramento de estruturas em mineração, como lavras escavadas a céu aberto típicas de nossas condições tropicais, permitem monitorar deformações e mudanças na superfície de grandes áreas, em um curto intervalo de tempo e com baixo custo. A acurácia e a precisão de deformação nas principais estruturas (taludes de cavas e de pilhas de estéril, barragens de rejeitos, barragens hídricas, vias de acesso e infraestrutura geral), a grande densidade espacial dos pontos medidos e a possibilidade de recuperar históricos da cinemática deformacional tornam a tecnologia orbital imprescindível atualmente na indústria extrativa mineral. Neste capítulo será apresentado como a tecnologia pode prover dados sobre: (1) monitoramento de taludes de cavas e de pilhas de estéril das principais minas a céu aberto de ferro do Complexo Minerador de Carajás, parte do Sistema Norte da Vale S.A. no Pará, e (2) monitoramento da Barragem I, de rejeitos de minério, da mina Córrego do Feijão, em Brumadinho. Os exemplos apresentados referem-se a resultados de pesquisas desenvolvidas pelos autores em que foram utilizados dados dos satélites TerraSAR-X e Sentinel-1 e técnicas que exploram a informação de fase (SqueeSAR™, PSI e SBAS) e de amplitude (*Speckle Tracking e Intensity Tracking*). Para facilidade de compreensão, é realizada a seguir uma introdução sobre estabilidade de taludes em mineração e sistemas de monitoramento convencionais mais utilizados em seu monitoramento. Ao leitor mais interessado nesses assuntos, recomenda-se buscar informações detalhadas nas referências indicadas no texto.

5.1 Monitorando taludes de cavas e de pilhas de estéril

O componente principal de uma mina a céu aberto é seu talude. A geologia da jazida define a extensão e a possível profundidade que pode ter uma cava, ao passo que a Geotecnia define com que inclinação um talude pode ser escavado (Brito, 2011). Os taludes de mineração são projetados com fatores de segurança que controlam os riscos para pessoal e equipamentos devidos às instabilidades. Informações litoestruturais, geomecânicas e hidrológicas são fundamentais em um projeto de operação de lavra eficiente e seguro. Todavia, a necessidade de obter o maior ganho econômico possível na extração de minério implica taludes finais cada vez mais íngremes, diminuindo a extração de material estéril. Desse modo, dispor de informações sobre deformação de superfície e estabilidade de taludes é um item importante na indústria de mineração, por obrigações legais (normas reguladoras de lavra), de segurança (vidas e equipamentos), planejamento de produção etc. A viabilidade do empreendimento de mineração é condicionada pelo projeto dos taludes finais, que, por sua vez, é essencial no desenho da cava final.

A geometria de configuração da cava em uma mina a céu aberto vai depender da distribuição espacial do corpo de minério e das características geomecânicas do maciço rochoso. Na Fig. 5.1 são apresentados os constituintes da configuração de uma mina a céu aberto, que incluem taludes de bancada, taludes inter-rampa, talude global, rampas, bem como as três grandezas angulares de inclinações usadas da lavra, que são os ângulos de talude global, os ângulos de bancada e os ângulos inter-rampas. Pequenas modificações no ângulo dos taludes podem implicar uma diferença de milhões de toneladas na quantidade de estéril a ser removido, com grandes reflexos em custos. Contudo, cavas profundas implicam grande potencial para problemas de estabilidades de taludes que precisam ser considerados. Bancadas e bermas são normalmente utilizadas para interromper movimentações de blocos e movimentos gerais de massas. Além disso, o uso de explosivos precisa ser adaptado para minimizar fraturamentos desnecessários das paredes. A ação da água (aquífero e precipitação) deve ser controlada por seus efeitos na estabilidade geral.

Contudo, mesmo quando muito bem projetados e construídos, os taludes podem se romper devido a causas variadas (uma estrutura geológica não mapeada ou mal caracterizada previamente, condições de precipitação intensa, atividades de explosivos ou por operação da lavra). Esse tema tende a ser ainda mais amplo por envolver, adicionalmente, análises da estabilidade dos taludes de pilhas de estéril, dos taludes de barragens para contenção de rejeitos e até mesmo de taludes de vias ou acessos rodoviários e infraestrutura geral do empreendimento (Reis, 2010).

Uma das consequências do processo de lavra é a produção de muito material estéril, constituído pelos produtos resultantes do decapeamento do depósito (solos e rochas de naturezas diversas, com diferentes granulometrias, densidades e resistências), escavados e removidos de forma a permitir o acesso aos corpos de minério. O material é transportado por caminhões e/ou correias transportadoras e disposto em pilhas de disposição de estéril (Fig. 5.2). As instabilidades normalmente relacionadas às pilhas de estéril são relativas aos recalques e às rupturas.

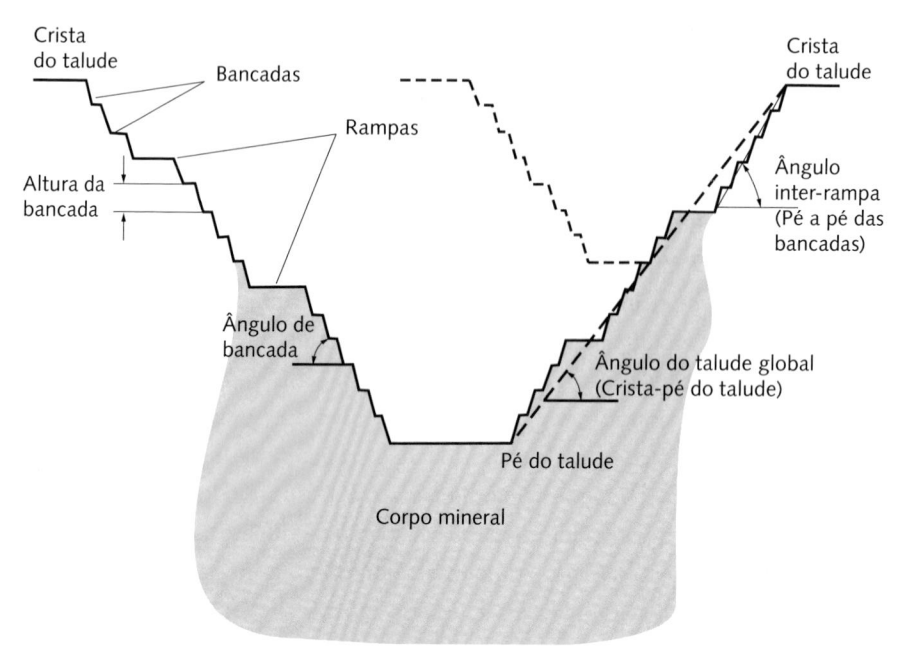

Fig. 5.1 *Configuração geral de cava em mina a céu aberto*
Fonte: modificado de Huallanca (2004).

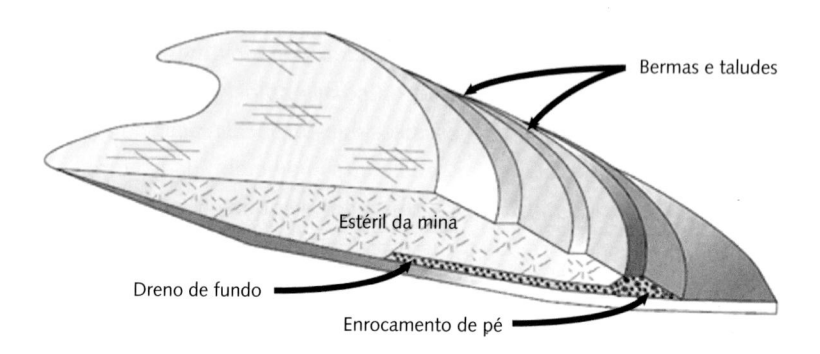

Fig. 5.2 *Exemplo de secção de uma pilha de estéril com bancadas e bermas*
Fonte: modificado de Gomes (2012).

É no domínio da cava, entretanto, que predominam condições de maiores instabilidades com repercussão direta na segurança operacional, uma vez que o eventual colapso de um talude pode ocasionar perdas humanas e comprometimentos ou dificuldades operacionais das etapas de lavra, incluindo perfuração, desmonte, carregamento e transporte. A estabilidade de taludes em mineração é mais complexa em relação a taludes de obras civis devido basicamente à dinâmica de escavação, ao porte dos taludes, às condições peculiares da exploração, que admitem fatores de segurança menores, à possibilidade de rupturas localizadas, à convivência com situações causadas por desmontes com uso de explosivos, aos rebaixamentos de nível de água e às variações de geometria dos taludes com os avanços do processo de lavra (Abrão; Oliveira, 1998). Em taludes de mineração, instabilidades são aceitáveis desde que os riscos sejam controláveis. A mineração confia no tempo mais curto de exposição dos taludes na fase operacional e no alto nível de monitoramento que é possível estabelecer.

De modo geral, todos os taludes se deformam, muitos taludes sofrem trincas e rachaduras e poucos taludes rompem. Segundo Brito (2011), as deformações em taludes podem ser classificadas como (1) descarregamento (detectado por instrumentos, não visível, linear, não leva necessariamente a uma ruptura), (2) movimento (indica primeiras evidências de instabilidade pela presença de trincas e estufamento do pé e pode ser controlado por monitoramento e evoluir para ruptura), (3) ruptura (o deslocamento atinge um valor que impossibilita atividades no local), (4) colapso e (5) queda de rochas (fragmentos ou blocos de rochas se desprendem do talude e caem nas partes inferiores, podendo ser indicativo de movimentos maiores). Adicionalmente, os maciços podem ser classificados em maciços brandos (incluem os solos e se rompem pela matriz), estruturados (rompem-se pelas descontinuidades representadas principalmente por fraturas e falhas) e mistos (brandos + estruturados). No caso de maciços brandos, a estabilidade de taludes é influenciada pela resistência do material e pela presença de água, ao passo que em maciços estruturados são importantes a estruturação geral (fraturas e falhas) e efeitos de detonação, com pouca influência de água. Os efeitos para o primeiro caso incluem as três escalas de operação da lavra (bancada, inter-rampa e global) e, para o segundo tipo, restringem-se à escala de bancada e, secundariamente, na inter-rampa.

Movimentos pequenos e sinais precursores em taludes podem ocorrer em períodos variados, de semanas a meses, antes de um evento de ruptura. Sistemas diversificados têm sido usados em minas a céu aberto no monitoramento de deformações e de condições de estabilidade das superfícies, com o objetivo de prever instabilidades e minimizar impactos de rupturas em todo o ciclo da obra, desde sua implantação e vida útil até quando inativa. Em obras geotécnicas que envolvem grandes volumes de escavação a céu aberto, o monitoramento através da instrumentação ainda auxilia no controle de velocidade da escavação e sobrecarga de aterros de corte, garantindo a estabilidade dos taludes remanescentes. A presença de água nos taludes, seja de chuva, seja do lençol freático, é um fator de influência importante na estabilidade de taludes. A infiltração da água no terreno provoca redução da sucção e aumento de poropressões que, por sua vez, podem causar deslocamentos e grandes movimentos. Por isso, a medição de poropressões e níveis d'água, com piezômetros e indicadores de nível d'água, é normalmente realizada. Entre os principais fatores que influenciam a estabilidade do talude, tem-se ainda a estrutura geológica do maciço, caracterizada pelo tipo de material e pela presença de descontinuidades. Do ponto de vista da estabilidade, o que mais interessa são a dimensão e a orientação das descontinuidades em relação ao talude. Uma vez instável, a massa de solo ou rocha se desloca. Se esse movimento for muito rápido, dificilmente será observado previamente, entretanto, em regiões de escorregamentos antigos, pode haver massas que se deslocam lentamente e que podem ser detectadas e monitoradas. Essa observação poderá ser um fator importante na interpretação do comportamento de uma encosta. Nesse caso, há grande interesse na medição de deslocamentos superficiais e profundos (Rizzo, 2007).

5.1.1 Sistemas de monitoramento convencionais

Diferentes autores na literatura têm enfocado aspectos da instrumentação utilizada no monitoramento de taludes em mineração. Segundo Jarosz e Wanke (2004), a instrumentação, comumente empregada no monitoramento de instabilidades, pode ser dividida em duas categorias: (1) sistemas de levantamentos e (2) sistemas geotécnicos. Sistemas de levantamentos são usados para determinar posições absolutas e mudanças posicionais de qualquer ponto na superfície, com uma variedade de instrumentos tais como níveis, teodolitos, estações totais, receptores de GNSS, câmeras fotogramétricas e drones, entre outros. Monitoramentos geotécnicos empregam instrumentação mais especializada em medir deformações ou deslocamentos, em uma base relativamente restrita de medições, através de extensômetros, inclinômetros, piezômetros, geofones (microssísmica) etc. Um modelo básico de instrumentação geotécnica a ser usado em taludes de mineração foi apresentado por Huallanca (2004) e abrange: (a) deslocamentos superficiais por meio de prismas e extensômetros de cabo, (b) deslocamentos subsuperficiais por meio de inclinômetros, e (c) variações locais do lençol freático por meio de piezômetros. A Fig. 5.3 exemplifica um sistema de operação através de estação total/prismas refletores em mina a céu aberto.

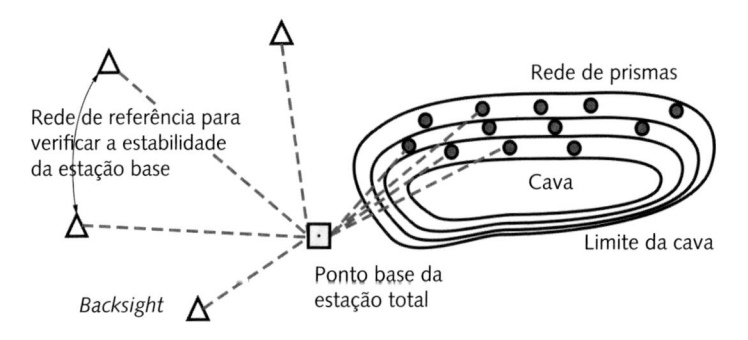

FIG. 5.3 *Instrumentação por estação total/prismas usada no monitoramento de taludes em mina a céu aberto*
Fonte: modificado de Huallanca (2004).

Mais recentemente, Rizzo (2007) discute métodos tradicionais de monitoramento de taludes em superfície e subsuperfície e as características dos principais equipamentos utilizados (Quadro 5.1). Porém, um sistema mais abrangente de classificação de técnicas visando à previsão de instabilidades em minas a céu aberto foi proposto por Vaziri, Moore e Ali (2010). Nessa classificação (Fig. 5.4), quatro categorias de técnicas são consideradas, que dependem dos parâmetros que são monitorados: (1) medidas de movimentos na superfície, (2) medidas de vibrações na superfície, (3) medidas de aquíferos e (4) medidas de impacto de cargas. Nessa proposta, o monitoramento de deslocamentos na superfície é subdividido em medidas em pontos discretos (trincas e levantamentos) e medidas sobre áreas maiores (varreduras e imageamentos), que são discutidas a seguir.

Quadro 5.1 Principais equipamentos de monitoramento de taludes

Medições	Instrumentos	Direção de deslocamento ou deformação			
		Horizontal	Vertical	Axial	Rotacional
Deformação superficial	Métodos de superfície (EDM, GPS, marcos superficiais, fotogrametria)	x	x	x	
	Medidores de fratura	x	x	x	
	Tiltímetros				x
	Medidores de deformação vertical do tipo *multipoint liquid level*	x	x	x	
Deformação subsuperficial	Inclinômetro	x	x	x	x
	Medidores de deslocamento em furos	x	x	x	
	Extensômetros	x	x	x	
	Indicadores de plano de cisalhamento	x	x	x	
	Deflectômetro múltiplo	x	x	x	
	Monitoramento acústico	x	x	x	

Fonte: Rizzo (2007).

Medidas em pontos discretos por levantamentos são de utilização mais ampla no monitoramento de taludes em minas a céu aberto, particularmente por meio do emprego de estação total e rede de prismas refletores. Nessa opção, existe o requisito de uso de uma base de referência local, que deve permanecer estável

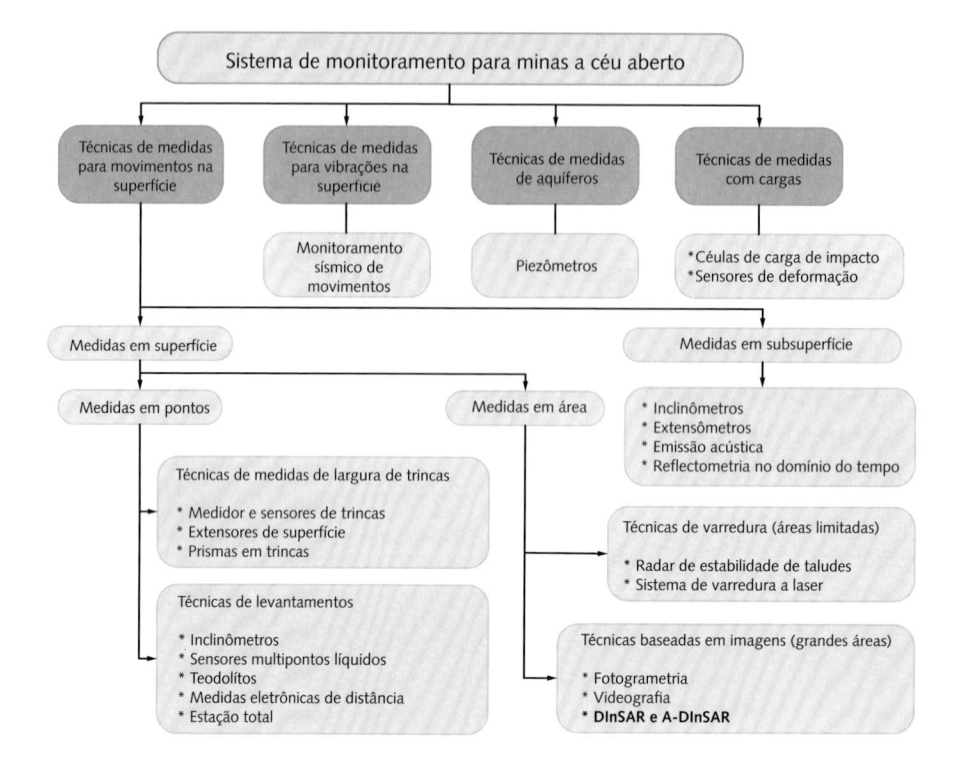

FIG. 5.4 *Técnicas de um sistema de monitoramento de taludes em mina a céu aberto*
Fonte: adaptado de Vaziri, Moore e Ali (2010).

durante as medidas. Além disso, o acesso à área a ser monitorada é necessário para a instalação e a manutenção dos prismas. Como vantagens, essa abordagem pode fornecer resultados em tempo real, de elevada resolução temporal (depende da frequência das medidas) e elevada precisão (submilimétrica a centimétrica), e a geometria de medidas pode ser facilmente mudada. Como desvantagens, devem ser mencionadas a necessidade de visibilidade entre estação e prismas, a presença de ruídos nos dados originais e a tendência de os movimentos verticais serem "resolvidos" com menor acurácia que os movimentos horizontais. Porém, a maior limitação, que é inerente ao uso de medidas em pontos discretos, reside na impossibilidade de prover informações espaciais requeridas no monitoramento de áreas extensas. Nessa situação, os custos e o tempo das medições envolvidas tendem a não ser economicamente viáveis (Colesanti et al., 2005; Dehls, 2006).

Cabe realçar que um sistema de monitoramento ideal deve ser o mais independente possível da influência de erros aleatórios, que são inerentes às medições com operadores e pouco afetados pelas condições ambientais (variação de temperaturas, chuvas, poeiras). Equipamentos automáticos (estação total robotizada) são geralmente mais precisos que os manuais, posto que a influência de fatores "humanos" nas medições é eliminada. O emprego de estação total e rede de prismas refletores implica um tempo adicional para o processamento dos dados, o que restringe seu uso como um sistema de alerta. No caso de medidas de monitoramento de estabilidades em áreas, optou-se neste texto por uma adaptação em relação à proposta original de Vaziri, Moore e Ali (2010), com a inserção de subdivisão do recobrimento em áreas limitadas e grandes áreas. Para áreas limitadas (setores da mina), sistemas operando por varredura seriam representados pelo radar de estabilidade de taludes (*Slope Stability Radar*, SSR) e *laser*. Como em Carajás a mineradora Vale S.A. utiliza operacionalmente o radar de estabilidade de taludes, esse sistema é enfocado a seguir.

Nesse tipo de sistema (abertura real ou sintética), a resolução espacial é função da frequência usada e da distância do sensor à face do talude a ser monitorado. Quanto mais próximo o radar está da parede, menor é a dimensão da área pelo feixe de iluminação e, consequentemente, menor é o tamanho do *pixel*. Os radares interferométricos de campo possibilitam medições de instabilidade em taludes em distâncias razoáveis (máximo de ~3.500 m), com elevada precisão de deslocamentos na linha de visada do sensor (0,1-0,2 mm), sem a necessidade de acesso à área de interesse, e operando em condições pouco afetadas por chuvas, brumas ou poeiras. Esse sistema de campo tem como grande vantagem o uso automático e contínuo (dia e noite) em monitoramento ativo, provendo dados de deslocamentos em tempo real, atributo fundamental no alerta de riscos iminentes e manejo de emergências (*real-time technique*). Como desvantagem, entretanto, as medições são de cobertura espacial limitada, restritas à varredura de setores da mina (por exemplo, taludes de uma frente de avanço da lavra). Detalhes sobre o sistema utilizado em Carajás podem ser vistos em Nader (2013).

Finalmente, deve ser analisado o componente de monitoramento para áreas mais extensas, realizado através de imageamentos, que na proposta de Vaziri, Moore e Ali (2010) incluía apenas fotogrametria e videografia. Na pesquisa em Carajás foram empregadas as técnicas que utilizam dados de fase e de amplitude de SAR orbital e que são apresentadas a seguir. Detalhes do uso dessas abordagens com dados TerraSAR-X no monitoramento das minas de ferro de Carajás podem ser encontrados em Hartwig, Paradella e Mura (2013), Paradella et al. (2015b, 2015c), Mura et al. (2016), Victorino (2016), Gama et al. (2017), Silva et al. (2017) e Temporim et al. (2017, 2018). Resultados para a mina de manganês do Azul em Carajás podem ser vistos em Pinto et al. (2015). O Quadro 5.2 sumaria os principais atributos de uso de técnicas de superfície mais comuns para detecção e monitoramento de estabilidades de estruturas em mina a céu aberto.

QUADRO 5.2 ATRIBUTOS DE TÉCNICAS DE MEDIDAS DE ESTABILIDADE EM MINA A CÉU ABERTO

Sistemas	Radar de campo	Estação total e prismas	DInSAR, A-DInSAR e ST
Precisão das medidas	Excelente (mm) na LOS do sensor	Excelente (mm a cm) em X, Y, Z	Excelente, seja visão sinóptica (mm a m), seja de detalhe (mm a cm), de várias estruturas
Resolução temporal	Excelente (tempo real e contínua)	Excelente, podendo ser diária	Regular (melhor revisita de 4 dias com CSK, TSX/TanDEM, RCM; e 12 dias com Sentinel-1)
Alerta	Excelente (tempo real)	Bom	Inadequado
Planejamento de monitoramento	Inadequado	Regular quando usando malha extensa	Excelente

5.1.2 O Complexo Minerador de Ferro de Serra Norte, em Carajás

Características gerais

Um aspecto especial observado na Amazônia, adicional a seu potencial metalogenético primário, é a ação do clima tropical sobre rochas fracamente mineralizadas. O intemperismo é acelerado pela constante presença de água, pelos ácidos orgânicos formados pela floresta e pelo calor, e resulta na formação de espessos mantos de solo lateríticos de até 300 m, com reconcentração de minérios com teores altíssimos.

Esses depósitos, por se formarem junto à superfície e por terem como encaixante, em grande parte, o solo, possibilitam a mineração a céu aberto, de baixo custo de lavra e beneficiamento. Daí a elevada lucratividade e competitividade dos depósitos minerais da Amazônia, sendo um exemplo marcante as minas de ferro de Carajás. Os planos de investimento da Vale S.A. para o minério de ferro contemplam expansão de capacidade em 176 milhões de toneladas métricas por ano (Mtpa), a ser concluída ao longo dos próximos anos, com a maior parte dessa expansão (130 Mtpa) proveniente de Carajás. O Sistema Norte, composto pelas minas de Carajás e S11D, produziu 55,4 Mt no terceiro trimestre de 2019 (3T19), ficando 13,8 Mt e 1,5 Mt acima do 2T19 e do 3T18, respectivamente, devido ao forte desempenho operacional, atingindo um recorde de produção de 20,4 Mt no 3T19 em S11D (Vale S.A., 2019).

O Complexo Minerador de Serra Norte, localizado na Serra dos Carajás, município de Parauapebas (Pará), engloba afloramentos de formação ferrífera relacionados com solos expostos ou cobertos de vegetação tipo savana, constituindo uma linha irregular de nove platôs, coletivamente chamados de Serra Norte, que se destacam topograficamente em relação ao relevo circundante e são tipificados pela cobertura de floresta ombrófila densa (Paradella et al., 1994). Até o início de 2015, quando do término da investigação com DInSAR pelos autores deste livro, as operações no complexo ocorriam em cinco cavas a céu aberto (N4E, N4W, N4WN, N5W e N5E), com bancadas de aproximadamente 15 m de altura e largura dos acessos de 35 m. As lavras eram realizadas por 18 frentes simultâneas, com o minério sendo transportado por caminhões "fora de estrada" de até 400 t. A distância média de transporte praticada até as instalações de britagem era da ordem de 2,7 km.

Os materiais denominados estéreis eram transportados por caminhões e estocados em pilhas de disposição de estéril (PDE). As atividades da mineração em Carajás eram subdivididas basicamente nos processos de lavra, correspondentes às operações diretas de exploração do bem mineral (jazida), e nos processos de tratamento ou beneficiamento, caracterizados pelas operações físicas e/ou químicas destinadas a modificar os bens minerais em termos de forma e/ou composição, visando a seu aproveitamento industrial.

A explotação no complexo minerador é realizada pelo método de escavação a céu aberto, mecanizado e de grande porte. Deve ser salientado que a mina de N4E é uma das maiores minas a céu aberto escavadas em solo saprolítico no mundo. Apresentava, em fins de 2014, uma área de lavra de aproximadamente 525 ha, com taludes alcançando 200 m de altura, com 4,1 km de extensão, e a previsão do *pit* final era alcançar taludes em torno de 400 m de altura.

A estratégia seguida pela mineradora Vale S.A. para ocupar a primeira posição na exploração/produção de minério de ferro implica projetos altamente rentáveis, de baixo custo operacional, aliados a um plano eficaz de disposição de estéreis, com redução de custos pela otimização na ocupação das áreas e elevação da altura das pilhas, atingindo altura superior a 350 m. Existiam seis pilhas de disposição de estéril (PDE) em operação em 2015 no Complexo Minerador de Serra Norte: PDE NWI, PDE NWII, PDE W, PDE SIII, PDE SIV e PDE NI, com duas pilhas paralisadas, PDE E e PDE Viaduto. Na Fig. 5.5 é mostrada a localização das principais minas a céu aberto do complexo minerador e das pilhas de estéril. Os valores das reservas de minério de ferro em Carajás para as minas que serão tratadas neste texto são apresentados na Tab. 5.1.

TAB. 5.1 RESERVAS DE MINÉRIO DE FERRO DAS MINAS N4W, N4E E N5W DO COMPLEXO DE SERRA NORTE REFERENTES A 31 DE DEZEMBRO DE 2012

Complexo Serra Norte	Reservas provadas + prováveis Tonelagem (milhões de metros cúbicos)	Teor (% Fe)
Mina N4W	1.405,5	66,5
Mina N4E	345,1	66,4
Mina N5W	980,6	67,2

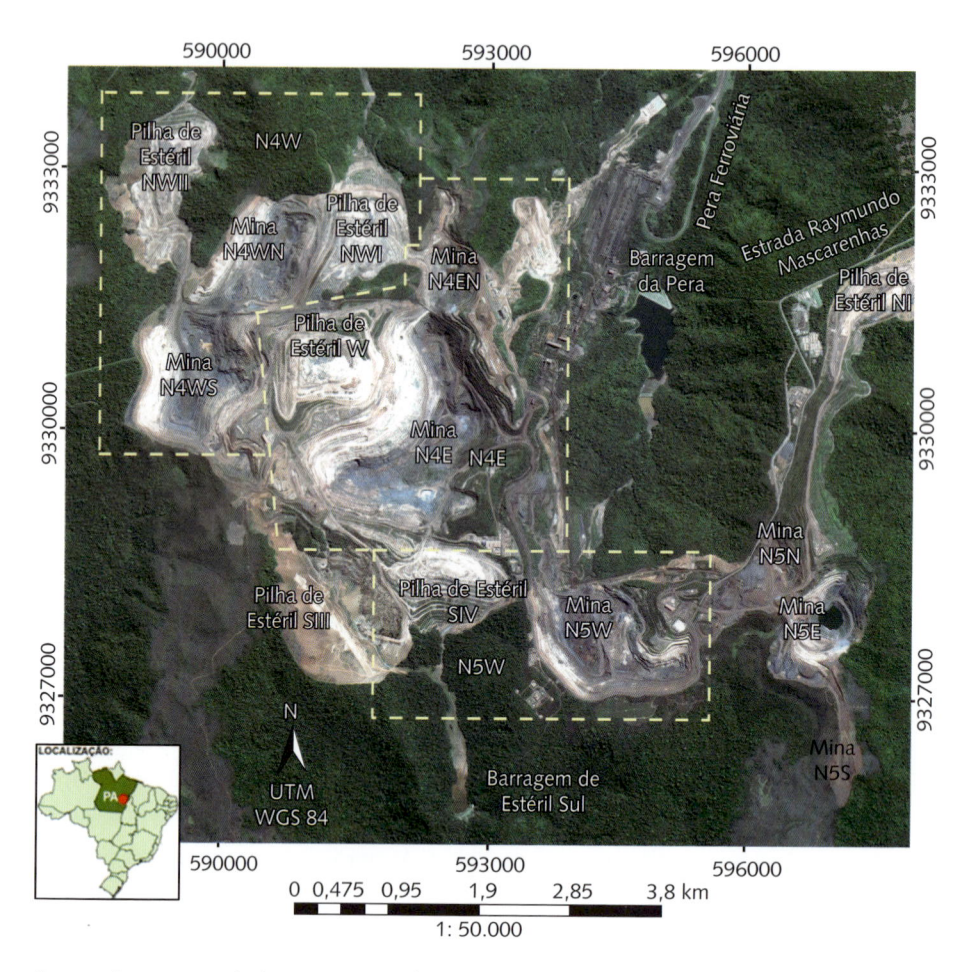

FIG. 5.5 *Estruturas mineiras que compunham o complexo de minas de ferro de Serra Norte, Carajás, em 2014*

Aspectos geológicos e geomecânicos

Do ponto de vista da geologia regional, o Complexo Minerador de Serra Norte situa--se num núcleo de idade arqueana, denominado Província Amazônica Central, com idade superior a 2.500 milhões de anos (Bizzi et al., 2001). Faz parte da Província Mineral de Carajás, com produção crescente e enorme potencial em Fe, Mn, Cu, Au, Ni, U e Ag, entre outros. A unidade que hospeda as formações ferríferas representa uma sequência vulcanossedimentar de idade datada em 2.751 ± 4 milhões de anos (Krymsky; Macambira; Macambira, 2002). Os corpos de minério apresentam elevado teor (Fe > 65%) de composição hematítica e magnetítica/martítica. A importância de processos hidrotermais na formação dos corpos mineralizados foi demonstrada por vários autores (Dalstra; Guedes, 2004; Lobato et al., 2016, entre outros). Interpretações estruturais da Serra Norte enfocam sistemas transcorrentes (Holdsworth; Pinheiro,

2000) ou encurtamentos N-S e progressão para zonas transcorrentes regionais, orientadas segundo ESSE-WNW, que serviram de condutos para os fluidos mineralizantes (Lobato et al., 2016). Um modelo evolutivo tectonoestratigráfico foi proposto com o uso de dados SAR (RADARSAT-1), ópticos (TM-Landsat-5), aerogeofísicos e de campo (Veneziani; Santos; Paradella, 2004).

A geologia local indica a presença de conjuntos litológicos pertencentes às formações Parauapebas e Carajás, do Grupo Grão Pará (Beisiegel et al., 1973), de idade entre 2,8 Ga e 2,7 Ga (Gibbs et al., 1986). A unidade inferior do Grupo Grão Pará, a Formação Parauapebas (Meireles et al., 1984), compreende rochas metavulcânicas bimodais (basaltos e dacitos, com riolito subordinado). Rochas metassedimentares e corpos descontínuos de formação ferrífera bandada (FFB) acham-se intercalados. Essas rochas são denominadas nos mapas das minas como máfica decomposta (MD), máfica semidecomposta e máfica sã. A unidade superior compreende as FFBs da Formação Carajás, associadas às rochas vulcânicas sobre e subjacentes, e hospeda os depósitos de minério de ferro. De acordo com classificação feita pela Vale S.A., os diferentes tipos de minério de ferro são divididos, de acordo com parâmetros físicos e químicos, em: jaspilito, hematita macia, hematita dura (HD), minério de baixo teor (MBT), canga de minério (CM) e canga química (CQ). As principais estruturas geológicas presentes são bandamentos/foliações na formação ferrífera, e zonas e superfícies de cisalhamento e famílias de juntas e falhas distribuídas na região. Em termos gerais, o bandamento mostra mergulho para W, mas sofre inflexões em função das deformações sofridas. São estruturas penetrativas e persistentes, em geral sinuosas e anastomosadas e, às vezes, crenuladas ou dobradas (BVP Engenharia, 2011a, 2011b).

O mapeamento litoestrutural e litogeomecânico das minas N4E e N5W, desenvolvido para a mineradora Vale S.A. pela empresa BVP Engenharia (2011a, 2011b), forneceu subsídios para os estudos e as análises sobre os problemas de instabilidade dos taludes dessas cavas. Para isso, o estudo fez uma atualização do mapeamento litoestrutural das cavas das minas N4E e N5W, na escala 1:2.000, e analisou os parâmetros geomecânicos dos taludes – alteração, consistência, grau de fraturamento, tipo de descontinuidades, espaçamento, abertura, rugosidade, material de preenchimento, índice volumétrico de juntas e classificação *Rock Mass Rating* (RMR) de acordo com Bieniawski (1989) – em cerca de 4.500 pontos descritos no campo para a mina N4E e 1.200 para a mina N5W. Para as áreas de ocorrência de corpos rochosos (jaspilitos, máfica sã e semidecomposta), foram realizadas análises cinemáticas pelo método de Markland (Hoek; Bray, 1981) com o objetivo de identificar áreas potencialmente susceptíveis às rupturas (tipos planar, cunha ou tombamento). A partir da análise dos dados de campo, realizou-se a classificação geomecânica de cada litotipo mapeado, utilizando-se como base os parâmetros do sistema RMR, identificando-se as classes de I a V, variando, em termos geomecânicos, de excelente a muito ruim.

O sistema de monitoramento de Carajás

O monitoramento de deslocamentos superficiais das minas de ferro no Complexo de Serra Norte na época de investigação era realizado através da integração de informações de três componentes: (1) inspeção visual das superfícies de lavra e entorno (incluindo pilhas de estéril, rampas de acesso e infraestrutura geral), (2) uso de estação total/redes de prismas refletores e (3) emprego de três radares de campo australianos *Slope Stability Radar* (SSR), da empresa GroundProbe, em setores específicos de taludes com suspeita de instabilidades. Adicionalmente, o monitoramento do lençol freático e de sua variação devida a precipitações e outros agentes naturais era conduzido com o uso de piezômetros.

As medições com a rede de prismas eram realizadas de bases fixas com a utilização de estação total, que mede ângulos e distâncias entre esse instrumento e os prismas. Essa base deve estar situada em terreno estável, suficientemente perto da crista do talude para que os prismas possam ser visualizados. Para maior confiabilidade dos resultados, eram realizadas medições para os prismas a partir de duas bases fixas e medições entre estas para a verificação de possíveis erros. Pontos de referência são necessários, com o objetivo de monitorar a estabilidade da estação base. Assim, estabelece-se um controle mais efetivo de deslocamentos superficiais que estejam ocorrendo no talude. Os dados fornecidos com esse monitoramento são apresentados em planilhas e visualizados em gráficos com deslocamentos nos eixos X, Y e Z. São estabelecidos limites máximos aceitáveis de deslocamentos que variam de 20 mm a 50 mm, considerando a mina e a criticidade do setor.

O uso do radar de campo SSR representava a mais valiosa alternativa tecnológica para o monitoramento ativo (em tempo real) de taludes em mineração da área de pesquisa. O primeiro SSR foi adquirido pela Vale S.A. em maio de 2011 e foi originalmente concebido em 2002 como um protótipo pela Universidade de Queensland (Austrália), sendo comercializado pela empresa GroundProbe (Hannon, 2007). O sistema SSR (Fig. 5.6) usava um radar de abertura real operando na faixa de frequência de 9,55 GHz (comprimento de onda de 3,14 cm), com largura de feixe de 2° e uma antena parabólica de 1,8 m de diâmetro, com grande flexibilidade de variação de apontamento (270° em azimute e 122° de elevação). Em operação, a antena varria a face do talude de interesse repetidamente em duas dimensões, o sinal em micro-ondas era enviado e seu eco era registrado. A fase do sinal medida em cada ponto (*pixel*) era comparada com as fases correspondentes das varreduras anteriores, um processo de desdobramento de fase era aplicado na remoção de ambiguidade de 2π e diferenças de fase obtidas eram correlacionadas com a movimentação ocorrida na face do talude entre as varreduras. O SSR possibilitava varreduras sob grande intervalo de distâncias (30 m a 3.500 m) e com precisão de deslocamentos medidos

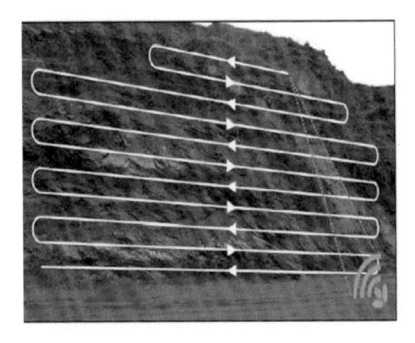

FIG. 5.6 *Varredura com o SSR e operação na área da investigação*

na linha de visada de ±0,1 mm. Segundo Nader (2013), o tamanho da célula de resolução imageada correspondia a um quadrado obtido pela relação 0,008725 × distância sensor-face (range) na linha de visada (*line of sight*, LoS). Assim, áreas detectáveis (resolução espacial) variariam conforme a distância sensor-talude (30 m: 0,26 m × 0,26 m; 850 m: 7,41 cm × 7,41 cm; 3.500 m: 30,5 m × 30,5 m). Em operação, o sistema produzia uma imagem que mostrava a deformação espacial relativa a uma imagem de referência para a face do talude imageado. O histórico de deslocamentos de cada ponto na imagem podia ser plotado. Deslocamentos totais e taxa de mudanças no talude eram obtidos e constituíam informações críticas na avaliação de riscos de ruptura de talude, com impacto na continuidade ou não da operação de lavra relacionada (McHugh et al., 2006).

No período de imageamento interferométrico, um histórico de instabilidades para as minas N4E e N5W foi obtido junto à Vale S.A. (2012a, 2012b). Os eventos foram relacionados à movimentação em bancadas das cavas, em dois setores na mina N4E (flanco oeste e cava central) e dois na mina N5W (estrada de acesso e parede SW da cava). Os eventos mostraram uma variação de intensidade desde pequenos deslocamentos em superfície, presença de trincas, recalques, fraturas de tensão, escorregamento de material em bancadas, até rupturas e colapsos. O sistema de monitoramento de instabilidades incluiu inspeção visual regular de bancadas e rampas, uso de medidas de deformações com estação total/prismas refletores e imageamentos com o radar de campo SSR.

Abordagem metodológica e dados de satélite
As atividades operacionais no Complexo Minerador de ferro de Carajás, com intensas mudanças de superfície e variações climáticas (períodos mais secos alternados com períodos de elevada precipitação), representavam grandes desafios no uso de imagens SAR para fins de monitoramento de condições de estabilidade de suas estruturas

mineiras. Dependendo do propósito da análise SAR (extensão em área, frequência temporal requerida de atualização de monitoramento, densidade espacial de pontos de medições, velocidade de deformação etc.), diferentes algoritmos de processamento foram combinados no monitoramento de estabilidade de minas a céu aberto.

Neste texto serão exibidos resultados da aplicação de protocolo desenvolvido pelos autores de uso de imagens SAR para a extração máxima de informação no monitoramento de instabilidades em minas a céu aberto. A análise integrada SAR desse protocolo foi concebida para monitorar regimes distintos de deslocamento. Através da combinação das informações de fase e amplitude do sinal retroespalhado, foi possível monitorar eventos com velocidade de deformação métrica a milimétrica de acordo com a sequência temporal de aquisições das cenas interferométricas (Fig. 5.7). Como consequência, resultados de condições de estabilidade das estruturas puderam ser obtidos em duas escalas temporais. A primeira é a situação semanal, quinzenal ou mensal, ou mesmo após cada nova imagem coletada na série temporal, através das abordagens DInSAR clássica, *Speckle Tracking e Intensity Tracking*. Nessa situação, a escala de deformação permitida é métrica (movimentos mais intensos) e a informação temporal depende do ciclo de revisita do SAR utilizado no monitoramento. No caso da investigação em Carajás, foram usados interferogramas de pares de cenas sequenciais com 11 dias de revisita. A segunda escala temporal é função do tempo necessário para dispor de um acervo mínimo de 15 cenas em tomadas interferométricas para o processamento das abordagens SqueeSAR™, IPTA ou SBAS; no caso da pesquisa em Carajás, em torno de cinco meses e meio utilizando dados TerraSAR-X com 11 dias de revisita. Nessa segunda escala, a tecnologia A-DInSAR fornece o histó-

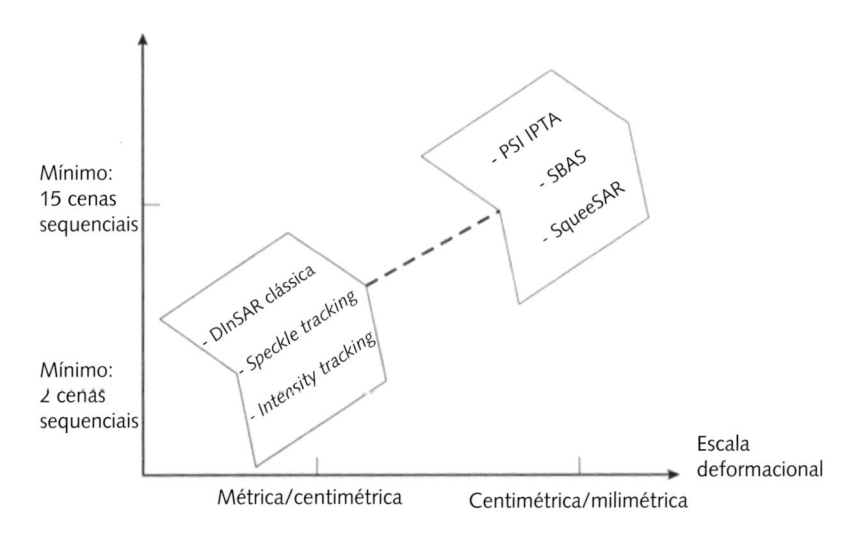

FIG. 5.7 *Relação entre técnicas de processamento SAR utilizadas e escalas de deformação*

rico deformacional de movimentos mais lentos, com acurácia e precisão elevadas (mm a cm) e grande densidade de pontos medidos.

Os resultados que serão discutidos referem-se à cobertura com o uso do satélite TerraSAR-X, com um total de 33 imagens sequenciais adquiridas no modo StripMap, polarização X-HH, resolução espacial de 1,36 m (range) × 1,90 m (azimute), incidência entre 39,89° (*near*) e 42,11° (*far range*), 30 km de largura de faixa, órbitas ascendentes e 11 dias de revisita em tomadas interferométricas. As imagens foram adquiridas entre 20 de março de 2012 e 20 de abril de 2013, com quatro falhas de aquisição, uma em 2012 (31 de dezembro) e três em 2013 (13 de fevereiro, 24 de fevereiro e 7 de março). Deve ser salientado que há uma variação considerável de precipitações entre as estações seca e chuvosa, com as 33 aquisições distribuídas em 19 cenas relativas ao período seco (20 de março a 4 de outubro de 2012) e 14 imagens coletadas no período chuvoso (15 de outubro de 2012 a 20 de abril de 2013). A Fig. 5.8 mostra a distribuição da precipitação durante a cobertura do TerraSAR-X obtida de estação pluviométrica localizada na mina N4E.

Para o uso no processamento interferométrico, foi gerado um modelo digital de elevação (MDE) a partir de imagens ópticas de alta resolução espacial (0,5 m) do satélite GeoEye-1 com estéreo-par adquirido em 1º de julho de 2012 (Paradella; Cheng, 2013). Os resultados foram validados com informações disponíveis da Vale S.A., representadas por medidas geotécnicas com estação total/prismas refletores, radar de campo e mapas geológicos e geomecânicos.

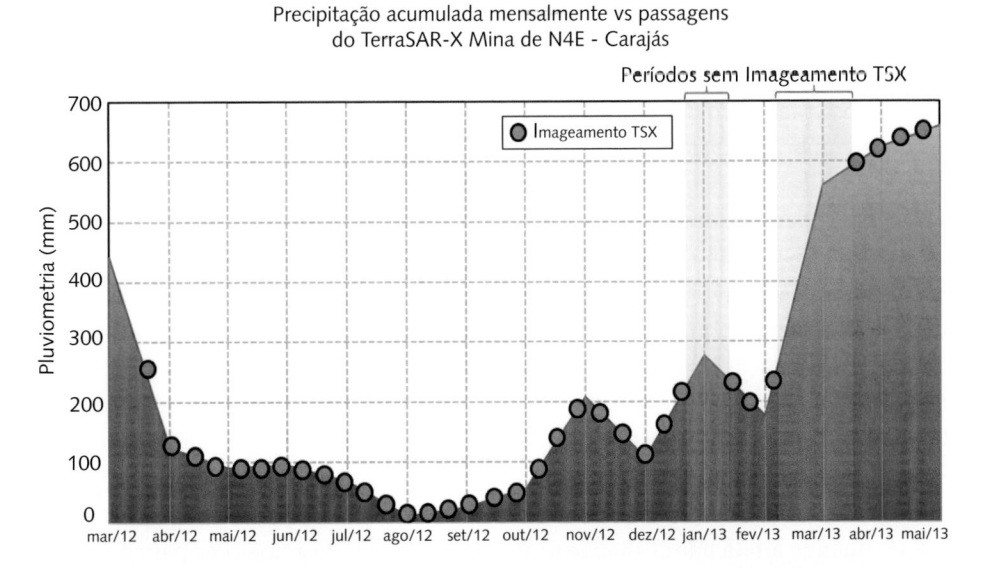

FIG. 5.8 *Pluviometria para a área da investigação e datas dos imageamentos TerraSAR-X*

Detecção de deformações com DInSAR clássica
O modo mais simples de detectar pequenas variações na topografia de uma área por meio de imagens orbitais SAR é através da geração de um interferograma usando duas imagens adquiridas em tempos diferentes (Gabriel; Goldstein; Zebker, 1989). Como visto anteriormente, os valores de fase, expressos em módulos 2π, estão relacionados com a distância sensor-alvo e, portanto, mudanças de fase registradas no interferograma SAR (InSAR) podem realçar possíveis variações em alcance. O mapa de deslocamento é obtido através do processo de desdobramento de fase (*phase unwrapping*), com a aplicação de algoritmos apropriados. Sempre que um MDE está disponível, o impacto da topografia local na fase interferométrica pode ser atenuado pela geração de um interferograma sintético obtido do MDE, que é subtraído do interferograma original, obtendo-se, assim, o interferograma diferencial clássico (DInSAR clássica). Contudo, o uso operacional da DInSAR clássica para o monitoramento de fenômenos deformacionais de superfície é mais desafiador que a simplicidade de sua obtenção aparentemente indica, devido aos ruídos causados por descorrelações de fase provenientes de mudanças na refletividade da superfície, efeitos atmosféricos e dificuldades relacionadas com o processo de desdobramento de fase. Além disso, ruídos associados com a correção topográfica do MDE podem ter impactos significativos em projetos de monitoramento com DInSAR sobre minas a céu aberto, onde os perfis topográficos sofrem mudanças contínuas (Ferretti, 2014).

A máxima taxa de deslocamento que pode ser detectada através de um simples interferograma depende, desconsiderando a contribuição dos ruídos inerentes ao processo, do λ (ou frequência) do sistema SAR utilizado e do gradiente do campo deformacional do fenômeno (quanto mais suave o campo, mais fácil o desdobramento). De modo geral, quanto menor é o λ, mais sensível é o interferograma à detecção de deformação, porém mais provável é a presença de erros na estimativa do desdobramento de fase. Uma estimativa bem generalizada de aplicação de DInSAR em áreas de mineração com o uso de um SAR, operando em banda X e com 11 dias de revisita, indicaria dificuldades no rastreio de deslocamentos superficiais relacionadas com mudanças em alcance maiores que poucos mm/dia. Dessa forma, o uso da DInSAR clássica não é a opção adequada para o monitoramento de deformações milimétricas/centimétricas, embora seja ainda muito útil na obtenção de informação qualitativa sobre áreas com tendências a instabilidades, quando é possível detectar deformações rápidas ocorridas no intervalo entre duas aquisições, desde que haja correlação interferométrica entre as duas imagens no local da deformação. Outro aspecto importante é permitir uma visão sinóptica da distribuição do campo deformacional em um curto intervalo de tempo (pequena linha de base temporal), principalmente pela rapidez de acesso à informação (tempo para adquirir um par de cenas), quando ainda não se dispõe de um acervo maior de aquisições para a realização das análises mais completas (A-DInSAR).

Mapas de deslocamento foram obtidos de 32 pares de imagens cobrindo o intervalo de tempo de março de 2012 a abril de 2013 (estações seca e chuvosa), usando-se as 33 cenas adquiridas pelo TerraSAR-X. Dos 32 pares disponíveis, apenas 16 apresentaram informação útil, com o restante sendo descartado devido à forte influência da fase atmosférica nos resultados. A influência do atraso de fase provocado pela atmosfera altera a medida de deslocamento em LoS. Interferogramas derivados de imagens SAR em duas passagens contêm variação de fase em virtude da variação de vapor de água presente na atmosfera, bem como das variações na troposfera causadas por variações de pressão e temperatura (Zebker; Goldstein, 1986). O atraso de fase atmosférica sempre está presente nos interferogramas, em maior ou menor grau, e, além disso, ele não é constante, variando de padrão sobre a área imageada de acordo com as datas de aquisições das imagens SAR. Como ilustração, são mostrados na Fig. 5.9 alguns dos resultados desse tipo de processamento interferométrico cobrindo todo o Complexo Minerador de Carajás.

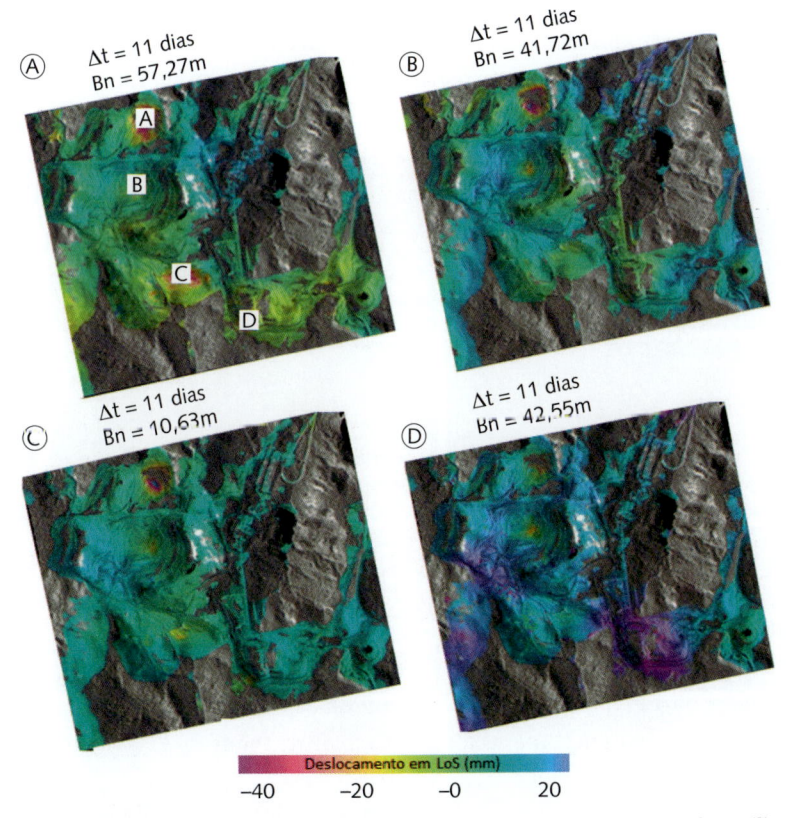

FIG. 5.9 *Mapas de deslocamento DInSAR clássica obtidos com pares de imagens do satélite TerraSAR-X nas datas (A) 31 de março e 11 de abril de 2012, (B) 21 de agosto e 1º de setembro de 2012, (C) 15 de outubro e 26 de outubro de 2012 e (D) 29 de março e 9 de abril de 2013. Δt é o intervalo de revisita e Bn é a linha de base normal*

Como se nota nos mapas de deslocamento, as pilhas de estéril de NW1, W e SIV (letras A, B, C) e de parte das bancadas de cavas de explotação da mina N5W (letra D) aparecem associadas com cor avermelhada, indicativa de subsidência, mesmo com a presença de distúrbio da fase atmosférica, pois as variações de fase devidas a subsidência nesses locais foram superiores à contribuição em fase da atmosfera. De modo geral, o distúrbio atmosférico foi relativamente pequeno em quase toda a extensão do complexo minerador, mas foi bem destacado no par interferométrico de 2013 (cor ciano-azulada). DInSAR clássica é o mais simples produto na cadeia de processamento interferométrico e forneceu informações relevantes, e com rapidez, das condições gerais da evolução temporal de deformações superficiais na região, particularmente pelo curto período de medidas entre os pares interferométricos (11 dias, no caso da investigação).

Por ser uma área de intensa atividade de explotação, a mina N5W mereceu atenção especial na análise DInSAR. A Fig. 5.10 ilustra, em maior detalhe, a sequência de imagens de mapas de deformação obtidos para bancadas do flanco SW dessa mina. Apesar de erros introduzidos pela fase atmosférica entre as aquisições SAR, é possível detectar com maior precisão a região associada com cor avermelhada, ligada a

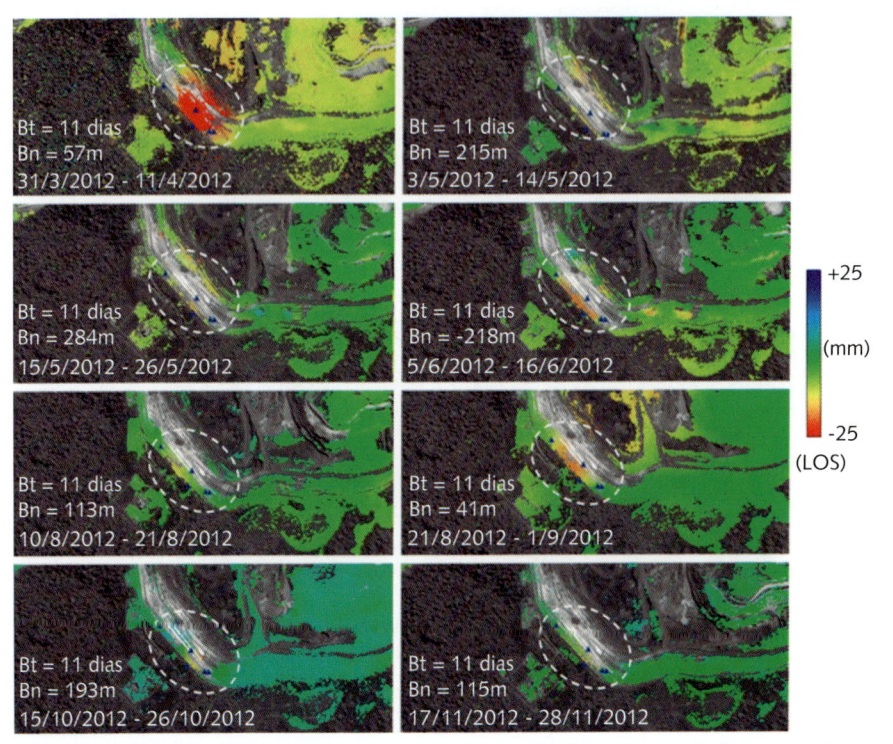

FIG. 5.10 *Mapas de deformação gerados através da técnica DInSAR clássica do flanco SW da cava da mina N5W, utilizando-se oito pares de imagens TerraSAR-X*

fenômenos de subsidência em setores dos taludes (elipses em cor branca), nos vários intervalos de tempo em que as imagens foram adquiridas. Nota-se que no período de 31 de março a 11 de abril de 2012 (imagem do canto superior esquerdo) ocorreu a maior incidência de deformação, da ordem de 25 mm na LoS do SAR orbital, bem como vários picos de deformação nos outros intervalos subsequentes. Nesse local particular, deformações superficiais foram também detectadas por inspeção visual realizada pelos autores deste texto e pela equipe geotécnica da mineradora Vale S.A., com a presença de fraturas em paredes de bancadas e trincas na rampa de acesso aos escritórios da mina N5W (Fig. 5.11).

FIG. 5.11 *Fratura subvertical em parede de bancada e trinca no piso de rolamento de acesso aos escritórios da Vale S.A., no flanco SW do pit da mina N5W (fotos de outubro de 2012)*

Um esquema de monitoramento de campo foi implantado pela Vale S.A. com o uso de estação total/prismas e radar de campo SSR (Fig. 5.12). Esses sistemas independentes forneceram informações quantitativas sobre deslocamentos da superfície desde 20 de março de 2012. As deformações superficiais permaneceram sem evolução significativa até 12 de agosto de 2012, quando houve uma reativação com deslocamentos relevantes nas faces e bermas dos taludes, particularmente no período de setembro-outubro de 2012, com a presença de trincas nas paredes de bancadas.

Apesar do pequeno intervalo de uma semana de monitoramento com o SSR (Fig. 5.13), um padrão contínuo de deformação pôde ser observado em locais monitorados, com uma deformação máxima acumulada em LoS de 11 mm para o curto período. Devido à instabilidade detectada, foi necessária a interrupção da lavra nesse setor para retaludamento geral da frente de explotação para minimizar riscos na operação. Os resultados indicados pela DInSAR clássica se mostraram compatíveis com os deslocamentos detectados pelas técnicas geotécnicas de campo e realçam a importância dessa abordagem espacial no monitoramento de estruturas mineiras representadas pelas bancadas de cavas e pilhas de acumulação de material estéril.

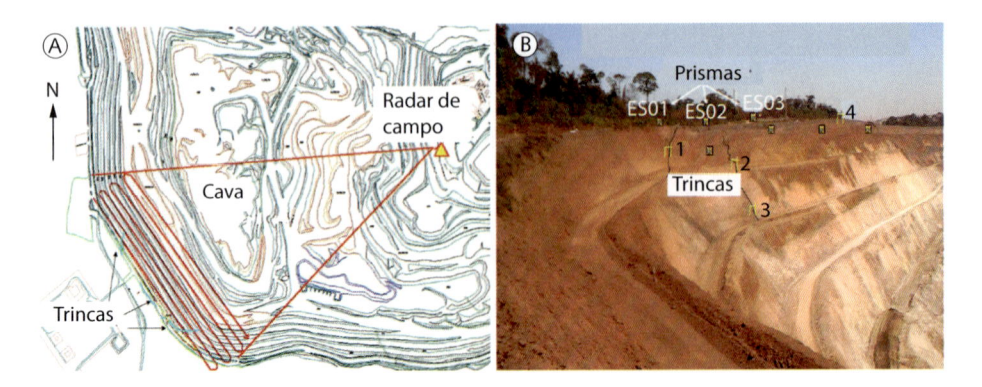

FIG. 5.12 (A) Ilustração do monitoramento das bancadas da mina N5W com radar de campo e (B) sequências de bancadas de N5W com presença de trincas e prismas instalados
Fonte: adaptado de Vale S.A. (2012b).

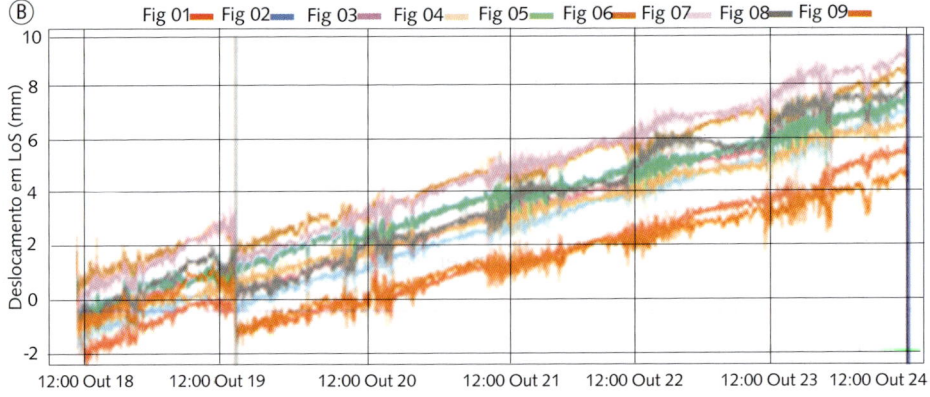

FIG. 5.13 (A) Localização de nove locais da parede da cava de N5W monitorados frontalmente pelo radar de campo GroundProbe no intervalo de 17 a 24 de outubro de 2012 e (B) gráficos de deslocamentos correspondentes na geometria projetada em LoS do SSR
Fonte: adaptado de Vale S.A. (2012b).

Detecção de deformações com A-DInSAR
   a. **Modelagem SqueeSAR™**

O processamento SqueeSAR™ foi realizado em dois períodos cobrindo as primeiras 14 imagens, relativas à estação seca, e com um processamento final com todo o acervo de 33 imagens. Os pontos de medida (PMs) detectados representam a contribuição de espalhadores persistentes (PS) e distribuídos (DS), e suas taxas de deformação foram expressas por velocidades médias computadas com precisão milimétrica. Valores positivos ou negativos correspondem à movimentação de aproximação ou afastamento em relação ao SAR, indicativos de alçamentos ou subsidências, respectivamente. Para cada PM, a velocidade média anual em LoS e a série temporal de deformação foram calculadas em relação a pontos de referência, utilizando-se quatros refletores de canto instalados em locais assumidos como estáveis pela mineradora no complexo minerador. Assim, os PMs da abordagem SqueeSAR™ são medições diferenciais com relação a um dos pontos de referência utilizado na análise, e sua dispersão, expressa pelo desvio-padrão (DP) da taxa de deformação estimada, aumenta com a distância em relação ao ponto de referência. Finalmente, deve ser salientado que a precisão da taxa de deformação estimada é afetada pelo número de imagens processadas e pelo período de tempo coberto pelo conjunto de dados: quanto maior o tempo de monitoramento, melhor a qualidade de estimativa da deformação.

O resultado do processamento SqueeSAR™ para todo o complexo minerador de ferro, com as 33 imagens (estações seca + chuvosa), é apresentado na Fig. 5.14. A imagem mestre usada no processamento foi a de 5 de junho de 2012, com o MDE pancromático GeoEye utilizado para a correção dos efeitos topográficos e os mapas de deformação gerados na projeção do sistema geodésico mundial WGS84. Todos os PMs tiveram valores de coerência de fase, que é uma medida da adequação do modelo para as observações, maiores que 0,76, com um DP dos dados de deslocamento menor que 2-3 mm. O número e a distribuição espacial dos PMs forneceram uma visão única dos processos deformacionais em curso na área investigada para fins de planejamento de monitoramento.

A distribuição espacial dos PMs no mapa da Fig. 5.14 não foi homogênea: não foram detectados pontos em áreas de vegetação (áreas de respostas não estáveis, como era esperado), ao passo que uma grande concentração ocorreu em áreas de atividades de mineração, como em parte de taludes de cavas e de pilhas de estéril, barramento de barragem hídrica e locais de infraestrutura das minas (prédios, pátios, esteiras, rodovias, ferrovia etc.). Duas observações devem ser feitas em relação às deformações indicadas: (a) a maior parte do complexo industrial (infraestrutura, construções, barragem etc.) exibe uma grande estabilidade nos períodos analisados, indicada pela cor esverdeada, e (b) áreas com subsidência mais prováveis estão relacionadas com

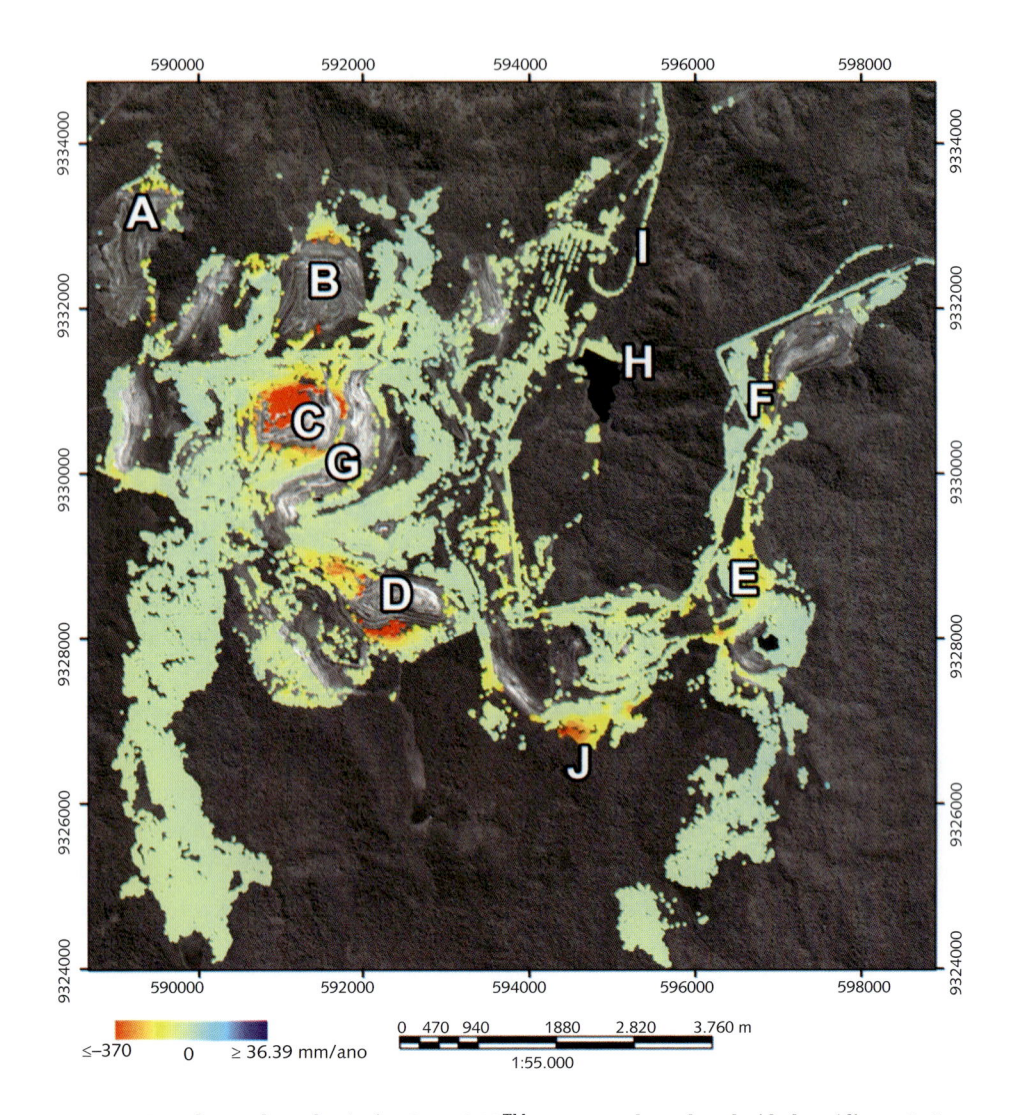

FIG. 5.14 *PMs detectados pela técnica SqueeSAR™ representados pela velocidade média em LoS usando-se 33 imagens do TSX-1 sobre imagem pancromática do GeoEye-1. Os PMs exibiram valores de coerência interferométrica maiores que 0,76*
Fonte: TRE (2013).

a cor avermelhada e foram detectadas em setores de taludes das pilhas de estéril NWII, NWI, W, SIV e NI (letras A, B, C, D e E), em segmentos de taludes de cavas das minas N4E e N5W (letras F e G) e em pequena lagoa (letra J). Áreas de estabilidade foram indicadas em barragem hídrica e ferrovia (letras H e I).

O máximo deslocamento acumulado foi obtido para a pilha W (letra D), com −395,86 mm e taxa de deformação anual de −370 mm/ano. A estimativa de taxas de recalque em pilha de estéril ainda causa controvérsias na literatura, pois depende de vários fatores (altura da pilha, tipo de pilha, taxa de empilhamento, tipo de material, duração da construção etc.), com grandes variações de recalques em relação à altura da pilha (0,3% a 20%) mencionadas na literatura (Orman; Peevers; Samle, 2011) e, no geral, recalques verticais de poucos metros sendo normalmente esperados.

A ausência de PMs em grande parte das pilhas indica que esses locais sofreram grandes mudanças na superfície, expressas pelos valores de baixa coerência. Esse aspecto será discutido com mais detalhes durante a análise da técnica *Speckle Tracking*. Contudo, é importante mencionar que para as pilhas analisadas não foram observados deslocamentos na superfície com valores positivos (alçamentos), que mostrariam movimentação em direção ao SAR, caracterizando estufamentos nos pés das pilhas indicativos de instabilidades geotécnicas. Para o restante do complexo minerador, condições gerais de estabilidade foram caracterizadas nos mapas de deformação. Como enfoque ilustrativo para este texto, é mostrado o detalhe que se obtém com a abordagem SqueeSAR™, usando-se como referência a mina N4E (Fig. 5.15).

O mapa deformacional indica movimentação em direção oposta ao SAR (cor avermelhada), com maior quantidade de PMs possivelmente ligados com recalques na pilha W (letra A) e poucos PMs na pilha NWI (letra B). De acordo com informação do Grupo de Hidrogeologia e Geotecnia da Vale S.A., os recalques detectados para as pilhas de disposição de estéril, durante o período monitorado das 33 imagens, estão dentro do esperado. Um agrupamento restrito de PMs associado com alçamento (movimento em direção ao SAR, cor tendendo a ciano) foi interpretado como relacionado ao empilhamento de produtos de um britador que permaneceu em operação na época de investigação (letra C). Dois aspectos complementares devem ser ressaltados: (1) a presença de pontos associados com a cor esverdeada indica locais com assumida estabilidade, e (2) são também marcantes locais sem a detecção de medidas, indicativos da grande perda de coerência causada pela intensa atividade operacional e/ou altas taxas de deformações, que extrapolaram o limite deformacional da técnica.

b. Validação SqueeSAR™ com medidas geodésicas

Um conjunto de 45 medidas geotécnicas obtidas com o uso de estação total e rede de prismas refletores de taludes das cavas das minas N4E e N5W foi disponibilizado pela mineradora Vale S.A. para propósitos de validação das medidas interferométricas. No caso da mina N4E, as medidas de campo foram tomadas nos taludes de corte em três setores: flanco norte, ruptura central e flanco leste. Para a validação dos resultados de deformação interferométrica, empregaram-se testes estatísticos formais de comparação de grupos de dados correspondentes às medidas obtidas pelo processamento interferométrico SqueeSAR™ e às geotécnicas de estação total/prismas refle-

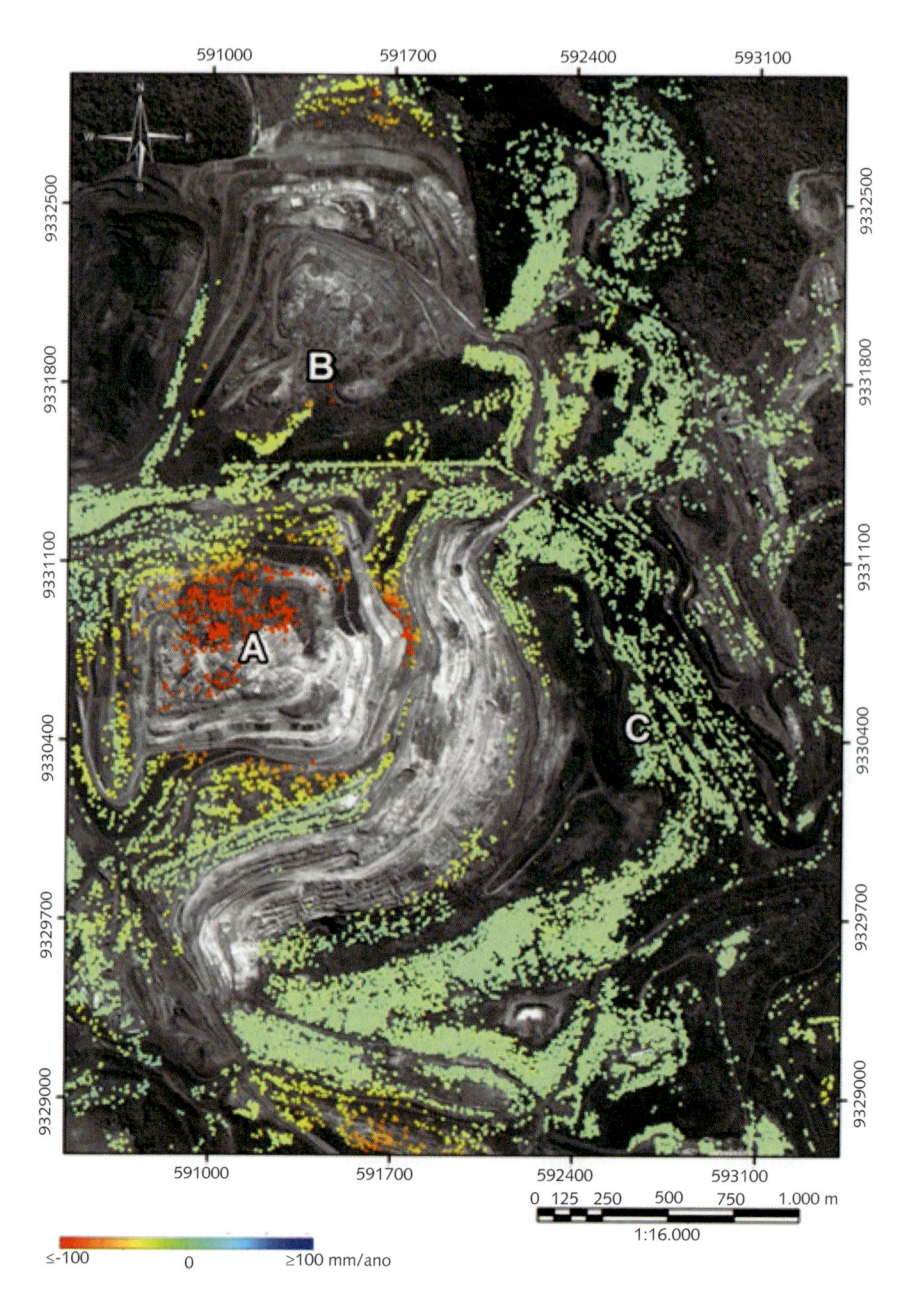

FIG. 5.15 *Um detalhe dos resultados da técnica SqueeSAR™ para a mina N4E utilizando-se 33 imagens TerraSAR-X (época seca + chuvosa). As velocidades anuais de deformação em mm/ano estão codificadas nas gradações de cores, de azul-esverdeadas (condições estáveis) a avermelhadas (provavelmente subsidências)*
Fonte: TRE (2013).

tores de taludes de mesma localização no terreno. As medidas geotécnicas de campo foram realizadas com o uso de estação total Leica (TCRA 1201 R 1000) e cobriram o período de monitoramento entre 3 de maio de 2012 e 11 de janeiro de 2013, com uma alta frequência temporal de medições (3 a 4 dias) quando comparada com o ciclo de revisita de cobertura TerraSAR-X (11 dias de revisita). Nos dados geodésicos providos pela Vale S.A., não constavam detalhes de como a empresa contratada, Geominas, conduziu as medições em campo nem informação sobre estimativas de erro das medições em X, Y e Z. Apenas barras de alerta de riscos internos da Mineradora Vale S.A. (±2 cm) acompanhavam os gráficos.

Para que os dados pudessem ser comparados, coordenadas geográficas dos dois conjuntos foram convertidas para o sistema WGS84. Apenas pontos de medições interferométricas localizados a uma distância máxima em torno de 10 m de cada medida de prisma foram utilizados. Como a coleta de dados geotécnicos de topografia não coincidia temporalmente com as medidas orbitais das passagens do SAR, houve a necessidade de se proceder à interpolação das medidas dos prismas para as datas em que havia medidas interferométricas, uma vez que a abordagem de validação exige um pareamento temporal dos dados na análise. Quando não havia sincronismo temporal entre as medidas, a interpolação foi feita pelo método polinomial de terceira ordem, em que se consideraram as medidas das quatro datas mais próximas da passagem do SAR para o qual se desejava interpolar o valor da medida do prisma. Levando-se em conta que os deslocamentos horizontais são quase irrelevantes para os propósitos da comparação, os valores de deslocamentos verticais medidos pelos prismas (Δh) foram projetados ao longo da linha de visada (LoS) do SAR pela multiplicação de valores originais pelo cosseno do ângulo de incidência local ($\theta \sim 41,3°$). As incertezas dos deslocamentos calculados dos prismas para a projeção em LoS foram estimadas por propagação de covariância, que considera fatores como medidas angulares (vertical e azimute), distância da estação total (base) a cada prisma, erro especificado do aparelho utilizado em campo, número de medições e geometria da aquisição SAR.

Na análise estatística, foi utilizado o teste não paramétrico de Wilcoxon para verificar se os valores SqueeSAR™ forneceriam uma inferência semelhante de valores de deslocamento em comparação com as medições topográficas de campo. O teste Wilcoxon é um teste estatístico que compara dois conjuntos de dados pareados e calcula a diferença entre cada conjunto de pares. Ele é usado para testar a hipótese nula de que duas populações têm o mesmo valor de mediana e, portanto, podem ser estatisticamente consideradas similares. Se esse é o caso, então a estratégia de medidas baseada no uso da modelagem SqueeSAR™ pode ser presumida como representativa dos deslocamentos de superfície expressos pelos valores dos prismas. As séries temporais das deformações em taludes para as 45 medidas geodésicas de campo e as correspondentes, no espaço e no tempo, detectadas ao longo da LoS para os PMs foram graficamente comparadas. As medidas geodésicas com estação total/prismas foram, no geral, muito mais ruidosas (dispersão maior de valores), causadas por vários fatores, como condições ambientais adversas de medições (poeira e neblina dificultam a visibilidade entre estação/prismas nas estações seca e chuvosa), erros de operação de equipes distintas nas campanhas e erros inerentes de interpolação. De qualquer modo, o teste Wilcoxon revelou que a hipótese nula para cada par de amostra foi aceita como verdadeira, com um nível de 5% de significância. Por limitações de figura neste texto, apenas um exemplo de validação da SqueeSAR^{TM} é mostrado, com referência a um prisma (#38) instalado em talude no flanco leste da mina N4E (Fig. 5.16).

Das validações realizadas, duas conclusões relevantes foram possíveis: (a) a mina N4E exibiu uma estabilidade geral dos taludes de corte no período monitorado, expressa pela concentração de valores dos prismas e PMs dentro dos limites das barras de erro (teórico e de segurança operacional), e (b) a tendência deformacional similar entre as medidas de campo e as orbitais indicou que a abordagem SqueeSAR^{TM} é uma alternativa confiável no monitoramento da evolução temporal de deformações nesse tipo de atividade, provendo dados de acurácia milimétrica, compatíveis com as medidas geodésicas de campo. A menor frequência temporal das medições geodésicas é compensada pela visão sinóptica e pela grande densidade das medições SAR, fornecendo dados que independem de equipe e equipamentos em campo, inclusive em locais inacessíveis à instalação de prismas. Portanto, a combinação sinérgica dos monitoramentos SqueeSAR^{TM} e de estação total/prismas é a melhor alternativa para uso operacional no monitoramento de atividades de minas a céu aberto, particularmente no trópico úmido.

c. Deformações SqueeSAR^{TM} e classes geomecânicas

Em um ambiente georreferenciado, os resultados da abordagem SqueeSAR^{TM} e as informações temáticas de mapa geomecânico podem ser geocodificados e superpostos, permitindo explorar relações espaciais. Como exemplo, a Fig. 5.17 mostra as relações espaciais entre as classes geomecânicas e as medidas deformacionais SqueeSAR^{TM} para a mina N4E.

A Tab. 5.2 revela outros relacionamentos interessantes entre PMs e unidades geomecânicas. O primeiro é que a maior quantidade de PMs está associada com as classes geomecânicas de áreas mais extensas, mas mostrando uma menor densidade (classes IV e V). Ambas as unidades são de classes com qualidade geomecânica muito pobre e que sofreram efeitos de mais intensa exploração (encaixantes e minério). Outro relacionamento interessante é que a comparação de resultados de processamento utilizando as 14 imagens com as 33 imagens mostrou que 216 PMs foram

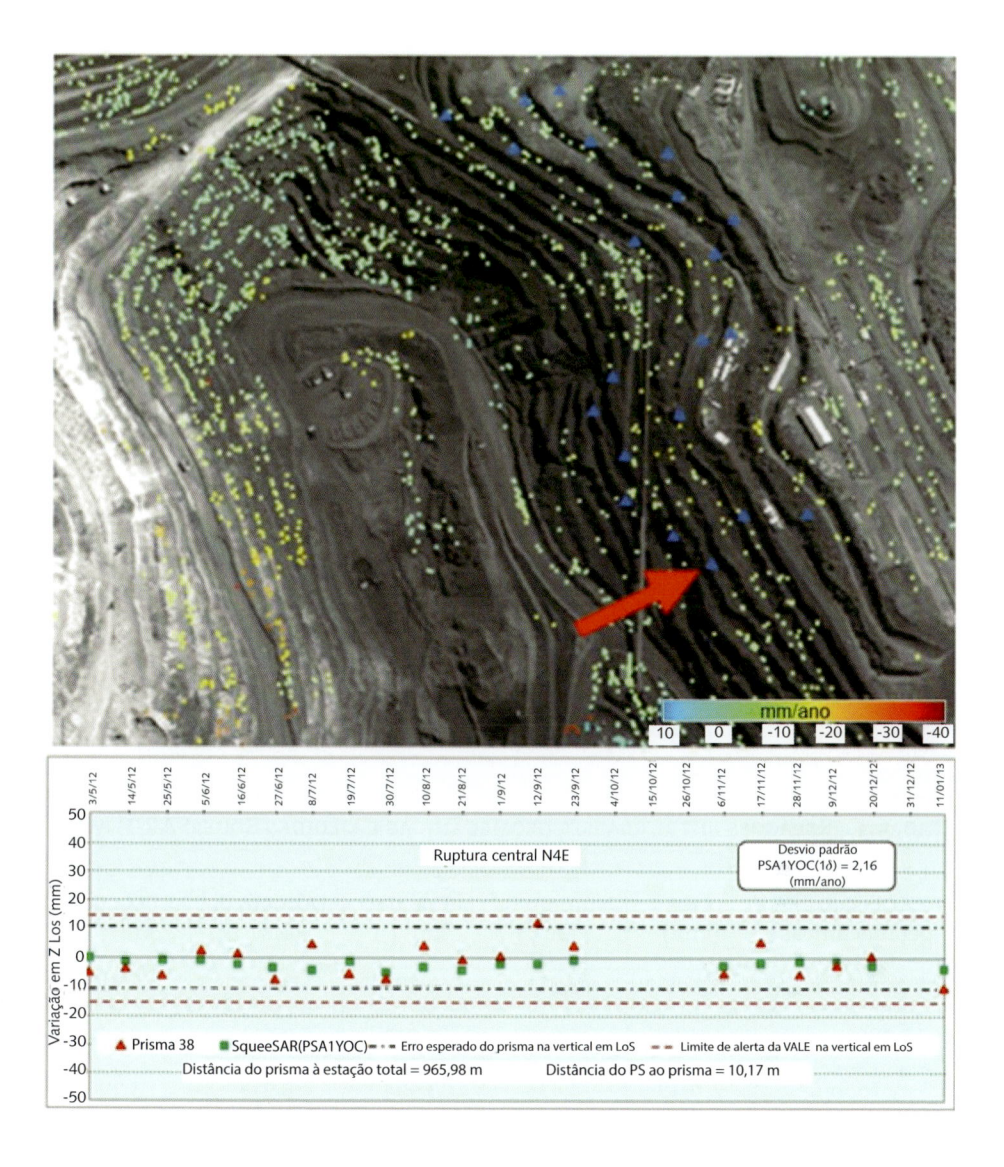

FIG. 5.16 Evolução temporal de deformações projetadas em LoS do TerraSAR-X para uma medida com prisma refletor (seta em vermelho) e a correspondente SqueeSAR™, no flanco norte da mina N4E, no período de junho de 2012 a janeiro de 2013. As localizações de medidas disponíveis de prismas são indicadas em triângulos em azul e os quadrados são medidas SqueeSAR™. Na parte inferior da figura, são indicadas medidas dos prismas (triângulos em vermelho), SqueeSAR™ (quadrados em verde), as barras de erro (3σ) para a medida geodésica de campo (linhas com traços e pontos em azul) e do limite de segurança utilizado operacionalmente pela Vale S.A. (linhas tracejadas em vermelho) e as distâncias prisma/PM e prisma/estação total

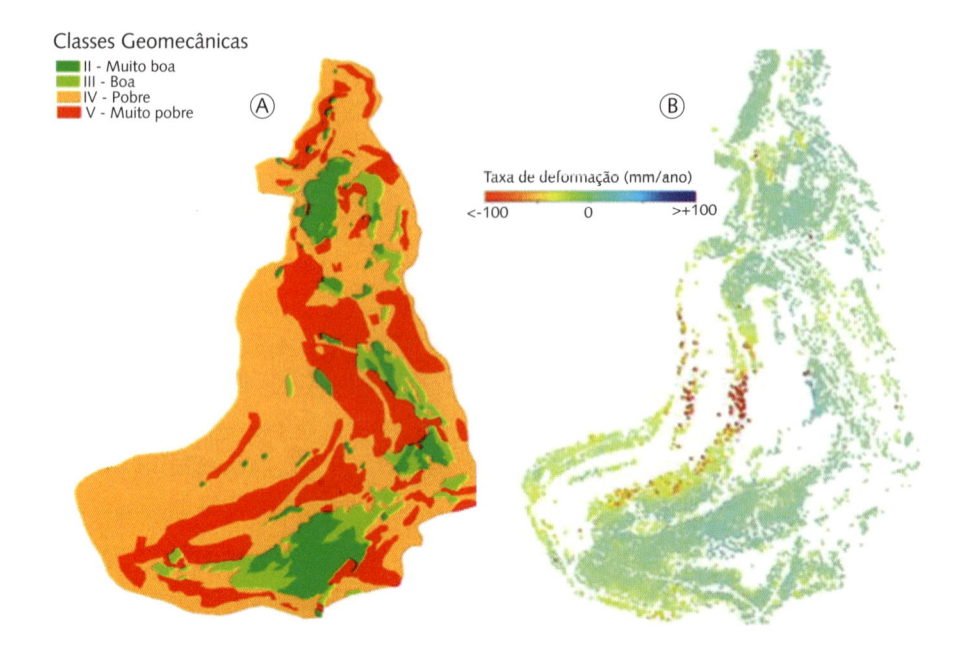

FIG. 5.17 (A) Mapa geomecânico e (B) mapa deformacional pela modelagem SqueeSAR™ com as 14 primeiras imagens para a mina N4E

TAB. 5.2 Relações entre classes geomecânicas e medidas SqueeSAR™ para a mina N4E

Classes geomecânicas	Área (km²)	Número de PMs (*)	PMs por km² (*)	Número de PMs (**)	PMs por km² (**)
II (muito boa)	0,4286	2.311	5.392	2.533	5.910
III (boa)	0,3498	1.843	5.269	2.682	7.667
IV (pobre)	2,7013	9.438	3.994	8.913	3.299
V (muito pobre)	1,2142	6.064	4.994	5.312	4.375

*14 imagens e **33 imagens.

perdidos, devido à menor coerência provocada por causas como maior precipitação, mais intensa taxa de deformação e aumento de área lavrada com mudanças intensas na superfície, e uma nova distribuição de PS/DS detectados foi obtida, com perdas para as classes IV e V e incrementos para as classes II e III.

A Tab. 5.3 apresenta resultados quantitativos de estabilidade com a técnica SqueeSAR™, assumindo-se dois intervalos de deslocamentos acumulados em LoS:

TAB. 5.3 RELACIONAMENTOS ENTRE DEFORMAÇÕES E CLASSES GEOMECÂNICAS PARA A MINA N4E

Classes geomecânicas	PMs com subsidência (*)	PMs com estabilidade (*)	PMs com subsidência (**)	PMs com estabilidade (**)
II (muito boa)	172 (7%)	2.131 (93%)	921 (36%)	1.607 (64%)
III (boa)	78 (4%)	1.760 (96%)	724 (27%)	1.946 (73%)
IV (pobre)	2.086 (22%)	7.331 (78%)	2.713 (30%)	6.124 (70%)
V (muito pobre)	508 (8%)	5.487 (90%)	1.260 (24%)	3.987 (75%)

*14 imagens e **33 imagens.

(a) indicativo de movimentação do terreno em direção oposta ao SAR, provavelmente ligado à subsidência (< –0,6 cm), e (b) indicativo de estabilidade (≤ 0,6 cm a ≥ –0,6 cm). Esses intervalos foram escolhidos levando-se em conta que ±0,6 cm foi o desvio-padrão (1σ) obtido de medidas sobre o refletor de canto instalado em área estável. Usando-se as primeiras 14 cenas, áreas instáveis foram principalmente associadas com a classe IV (22% de PMs) e, subordinadamente, com as classes V (8% de PMs), II (7% de PMs) e III (4% de PMs).

Em síntese, esses resultados são compatíveis com uma estabilidade geral da cava durante esse período de monitoramento, e instabilidades são detectadas para setores de taludes de corte espacialmente relacionados com unidades caracterizadas por qualidades geomecânicas pobres. Quando se utilizou na análise SqueeSAR™ o total das 33 imagens, deformações na superfície foram detectadas para todas as classes e, no geral, a estabilidade diminuiu. Uma combinação de fatores pode ser considerada para explicar esses resultados: (a) a influência das chuvas, (b) o deslocamento mínimo acumulado (–0,6 cm) foi agora detectado usando-se um intervalo temporal maior, o que significa que PMs com subsidência mais sutil, não mapeados anteriormente, foram também considerados, e (c) valores de coerência distintos (PMs com coerência maior que 0,85 para o primeiro processamento e 0,76 para o segundo).

d. Modelagem SBAS

A modelagem SBAS foi aplicada pelos autores no processamento interferométrico utilizando as funções do *software* SARscape, da empresa SARMAP (SARscape, 2019), com a avaliação de diferentes parâmetros (limiar, número de *looks*, pontos de referência etc.) na verificação da melhor sequência metodológica para a detecção de condições de estabilidade no complexo minerador (taludes de cava, taludes de pilhas de estéril, infraestrutura mineira etc.). Os melhores resultados foram obtidos com o uso de reamostragem de quatro *looks*, empregando o método *Delaunay Minimum Cost Flow*

(MCF), 32 pontos de referência espalhados pelas áreas consideradas estáveis e dois limites de coerência distintos e independentes (30% e 45% de limites de coerência).

Para ser possível uma visão sinóptica de todo o complexo minerador e suas estruturas, os dois mapas de deformação resultantes do uso das duas coerências (30% e 45%) foram combinados. Nesse esquema, foi empregada uma máscara para limitar os resultados do processamento SBAS com 30% de limite de coerência, apenas para a parte superior das pilhas de estéril, facilitando a combinação dos mapas. A Fig. 5.18 apresenta o resultado final para o complexo minerador com a integração dos dois resultados, utilizando-se as 33 cenas TerraSAR-X (20 de março de 2012 a 20 de abril de 2013). Nesse mapa deformacional, as áreas em vermelho são indicadores de movimentação em

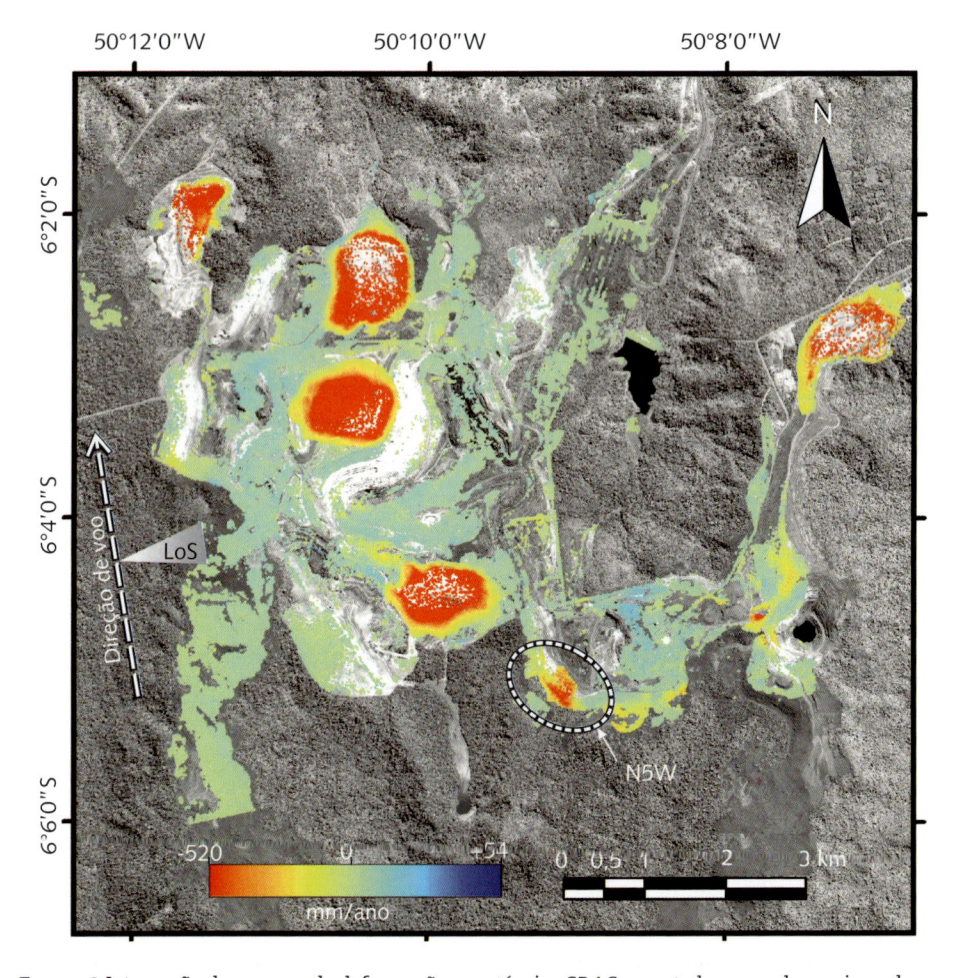

FIG. 5.18 *Integração dos mapas de deformação com técnica SBAS para todo o complexo minerador, com realce da área de deformação detectada na mina N5W*

direção oposta ao TerraSAR-X, relacionados com prováveis subsidências (recalques). As áreas em cor esverdeada, que abrangem o entorno das cavas, estradas, correias transportadoras e edificações, não indicam a presença de movimentação em LoS, ou seja, definem padrão de estabilidade. Nota-se que a densidade de pontos vermelhos é baixa no topo das pilhas de estéril, uma vez que esse é um setor muito dinâmico da mina, com depósito de material em taludes de aterro no processo de lavra.

Deve ser salientado que o halo de deformação, bem detectado na mina N5W pela técnica DInSAR clássica e já discutido anteriormente, foi bem caracterizado com a abordagem SBAS e confirma que essa técnica é também muito útil para medição quantitativa, alerta de movimentos no terreno, planejamento e avaliação de riscos. Os resultados obtidos foram consistentes com os dados disponíveis de campo, permitindo uma visão sinóptica e preditiva de instabilidades da área sob investigação.

e. Validação SBAS com medidas geodésicas

Como já discutido anteriormente, para que as medidas de deformação entre os dois conjuntos de dados orbitais e de estação total/prismas pudessem ser comparadas, alguns requisitos foram seguidos: (1) as medidas de deformações foram comparadas segundo a LoS do TerraSAR-X, (2) os pontos de medições corresponderam à mesma localização no terreno, e (3) as medidas tiveram que ser temporalmente próximas. A transformação das medidas verticais dos prismas refletores segundo a LoS do SAR foi feita projetando-se os valores dos prismas ao longo da visada pela multiplicação dos valores geodésicos pelo cosseno do ângulo de incidência do SAR ($\theta \sim 41,3°$). Assumindo-se que os deslocamentos horizontais dos prismas eram mínimos em relação aos verticais, as incertezas dos valores calculados na projeção vertical em LoS foram estimadas com base também na propagação de covariância, a qual considera componentes de medidas angulares com os prismas (vertical e azimutal), distâncias da estação total aos prismas, erros de especificação dos equipamentos, número de medidas e a geometria da aquisição do SAR. Em relação ao requisito de medições para pontos comuns, a opção seguida foi utilizar o ArcGIS e selecionar PMs do mapa SBAS os mais próximos possíveis das posições estimadas dos prismas. A superposição espacial direta das duas medidas é teoricamente impossível, posto que os prismas foram dispostos nas faces dos taludes e as medidas interferométricas são predominantemente amostras na superfície dos taludes (bermas, rampas). Todavia, foi constatada uma diferença em torno de 10 m de posicionamento entre os dois conjuntos de medidas, o que foi considerado razoável para os propósitos de validação. Em relação à correspondência temporal, como as medidas A-DInSAR foram tomadas a cada 11 dias, enquanto as medidas dos prismas foram de maior frequência temporal, foi necessário aplicar aos dados dos prismas um processo de reamostragem baseado em interpolação polinomial de terceiro grau, de modo que os valores de deformação de campo e orbital pudessem ser assumidos como tomados simultaneamente. Finalmente, o teste não paramétrico Wilcoxon foi também usado para verificar se as medidas SBAS forneciam uma inferência similar à das medidas geodésicas de campo. As validações foram realizadas em vários locais de taludes das minas N4E e N5W, todavia, por limitações deste texto, somente resultados de validação da modelagem SBAS com três prismas refletores são apresentados para taludes de corte localizados no flanco norte da mina N4E e assumidos como estáveis pela Vale S.A. (Figs. 5.19 e 5.20).

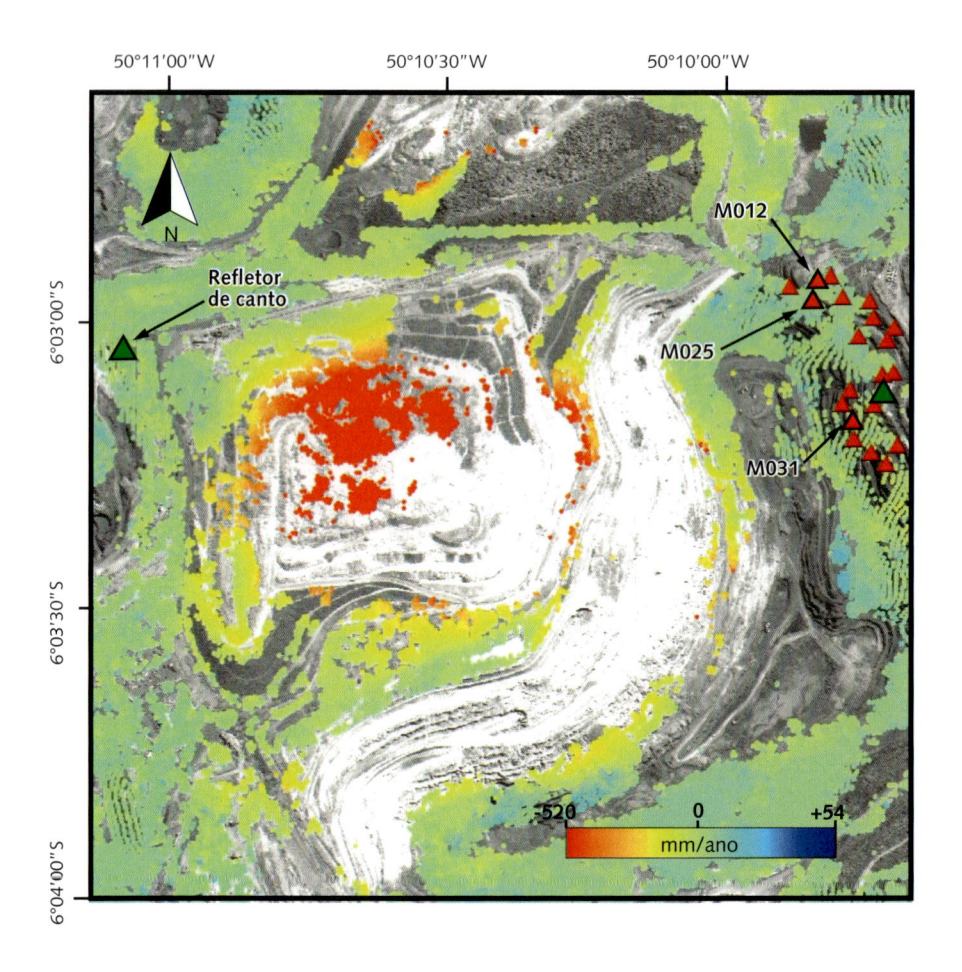

FIG. 5.19 *Mapa de velocidade de deformação ao longo da LoS gerado com modelagem SBAS com uso das 33 imagens TerraSAR-X para a borda norte da mina N4E. Triângulos em vermelho indicam localização dos prismas refletores*

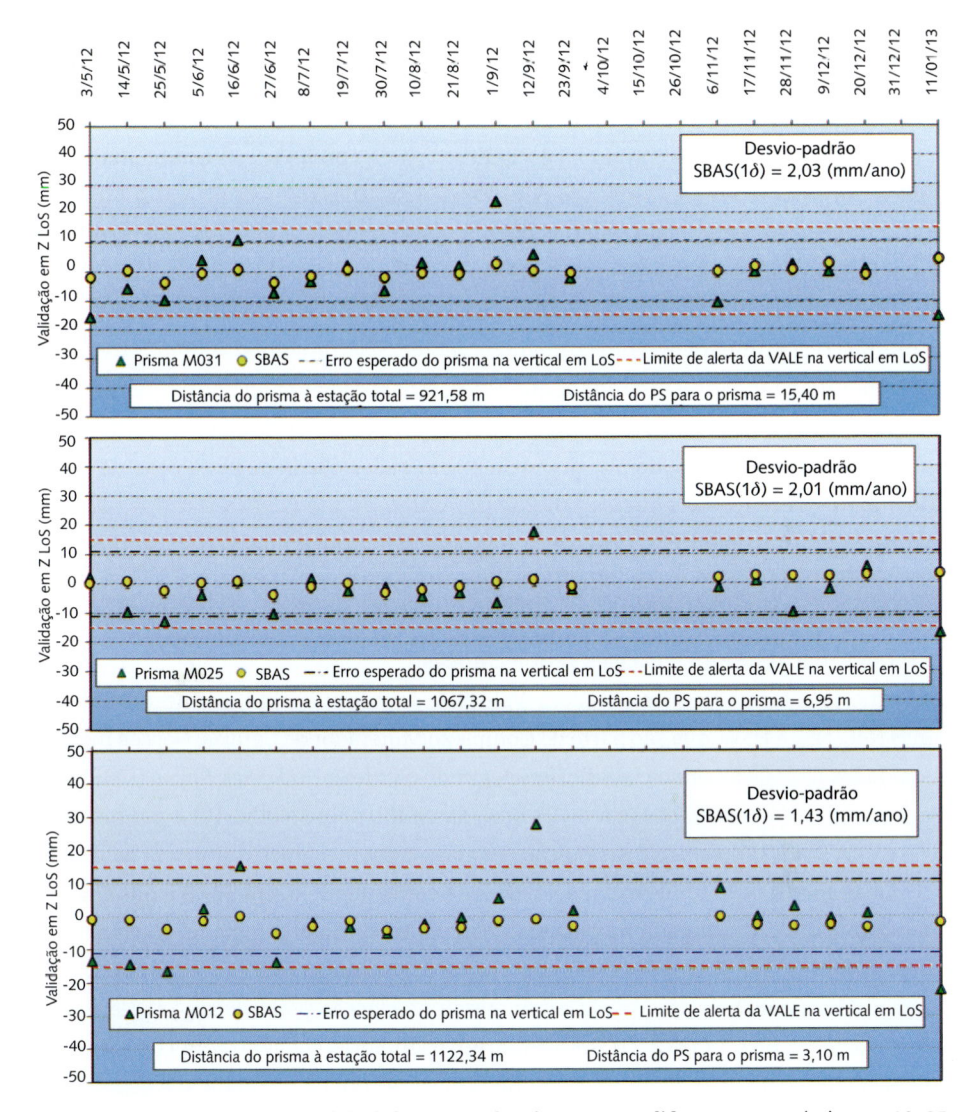

FIG. 5.20 *Perfis de série temporal de deformações de três pontos medidos em campo (prismas: 12, 25, 31) e orbitais (SBAS) para taludes considerados estáveis da borda norte da mina N4E. As medidas dos prismas são representadas por triângulos em verde, as do SBAS, por círculos em amarelo, e as barras de erro (3σ) das medidas geodésicas, por linhas em azul, enquanto os limites de segurança utilizados operacionalmente correspondem às linhas em vermelho. As distâncias prisma/PM e prisma/estação total estão indicadas*

Com base nos valores dos prismas, é possível concluir pela estabilidade geral das bancadas, dada pela concentração de valores dentro das barras de erro (limite usado operacionalmente pela mineradora). De modo geral, as medidas dos prismas exibem uma maior dispersão devido a causas como condições adversas de clima (poeira, neblina e chuvas prejudicam a visibilidade entre a estação total e os prismas nas medições), uso de diferentes equipes nas medições de campo e erros de interpolação. Contudo, fica evidente que as medidas com a modelagem SBAS mostraram uma boa correlação com as medidas geodésicas de campo e são indicativas de condições de estabilidade dos taludes. Adicionalmente, o teste não paramétrico de Wilcoxon confirmou a hipótese de semelhança em relação aos valores SBAS com as medidas geotécnicas de campo.

Em síntese, a abordagem A-DInSAR (SBAS) se mostrou uma alternativa confiável no monitoramento temporal de deformações da superfície, fornecendo dados com acurácia milimétrica, compatíveis com as medidas geotécnicas de campo. A menor frequência temporal do recobrimento orbital quando comparada com a maior frequência das medidas geodésicas de campo é compensada pela visão sinóptica da A-DInSAR, com malha de medições densa, de alta acurácia e sem necessidade de instalação de equipamentos e presença de equipes em campo. Como as medidas A-DInSAR não são *real-time*, a abordagem orbital deve ser integrada com os sistemas de monitoramento convencional *real-time* de campo (radar de campo, estação total/prismas).

f. Deformações SBAS e classes geomecânicas

Conforme já informado, a mineradora Vale S.A. forneceu mapas geomecânicos das minas N4E, N5E e N5W, que são parte do Complexo Minerador de Carajás. Nesses mapas, as unidades litológicas estão classificadas segundo o critério *Rock Mass Rating* (RMR) em: excelente (classe I), muito boa (classe II), boa (classe III), pobre (classe IV) e muito pobre (classe V). A Fig. 5.21 mostra a distribuição das classes geomecânicas na área pesquisada.

Uma análise da distribuição espacial de PMs com a modelagem SBAS e das classes geomecânicas foi investigada na pesquisa para as três minas principais do complexo minerador, mas, por limitações deste texto, apenas uma síntese é indicada na Tab. 5.4. Dessa análise, constata-se que, de modo geral, as classes pobre (classe IV) e muito pobre (classe V), no critério RMR, apresentaram as maiores concentrações de PMs com a técnica SBAS para as três minas. Essas duas classes com baixa qualidade geotécnica são as que sofrem mais intensos processos de lavra (encaixantes e minério) na região, e a informação de suas condições de estabilidade é prioritária no processo operacional de lavra. Detalhes sobre essa pesquisa podem ser vistos em Gama et al. (2017).

g. Modelagem combinando PSI com SBAS

O processamento PSI com o *software* IPTA foi realizado pelos autores deste texto nos laboratórios do INPE e abrangeu todo o Complexo Minerador de Carajás. Todavia, devido às restrições de ilustração do texto, serão apresentados apenas resultados relativos à mina N5W e à pilha de disposição de estéril SIV, abrangendo uma área de aproximadamente 8 km² (Fig. 5.22). Um total de 34 imagens StripMap do TerraSAR-X foi

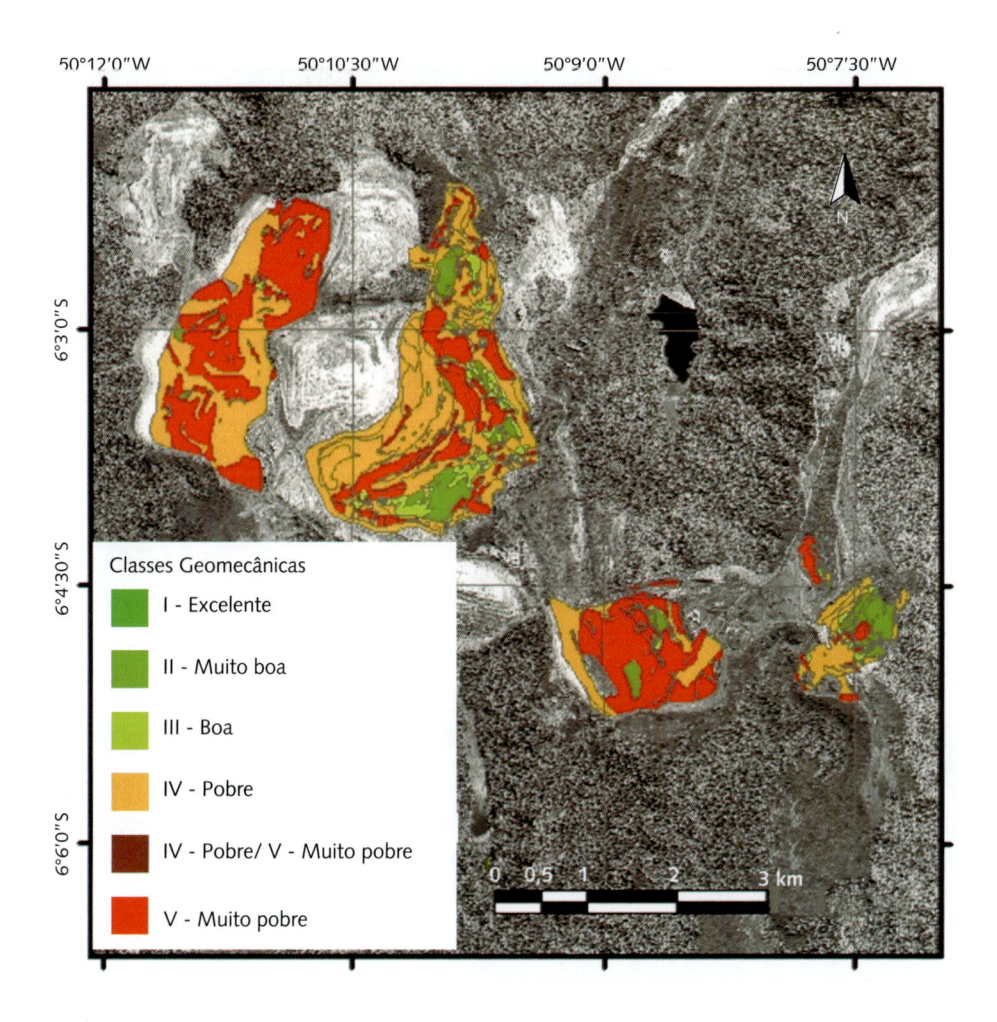

FIG. 5.21 *Classes geomecânicas para as minas N4E, N4W, N5W e N5E*
Fonte: adaptado de BVP Engenharia (2011a, 2011b).

TAB. 5.4 DISTRIBUIÇÃO DE PONTOS (PMs) COM SBAS E CLASSES GEOMECÂNICAS

Classes geomecânicas	N4E PMs	N4E PMs/área	N4W PMs	N4W PMs/área	N5E PMs	N5E PMs/área	N5W PMs	N5W PMs/área
Classe V	7.833	6.451	9.347	4.370	773	4.070	3.614	3.165
Classe IV	12.543	4.643	5.469	4.183	1.839	4.438	960	2.365
Classe III	2.540	7.261	148	6.636	318	4.739	111	5.162
Classe II	3.489	8.140	163	3.063	1.186	5.120	227	2.201
Classe I	-	-	11	2.849	-	-	-	-

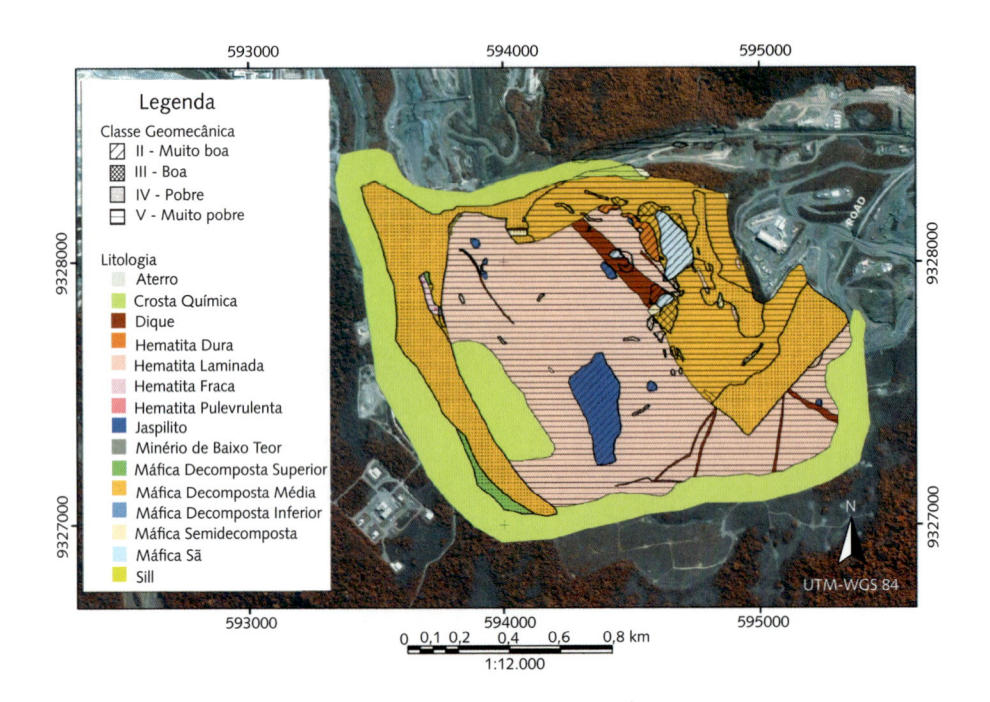

FIG. 5.22 Mina N5W com distribuição espacial das classes litológicas e geomecânicas
Fonte: adaptado de BVP Engenharia (2012b).

utilizado de modo separado, sendo 19 cenas correspondentes ao período seco (20 de março a 4 de outubro de 2012) e 15 imagens para o período chuvoso (4 de outubro de 2012 a 20 de abril de 2013).

O uso de interferometria diferencial, como é o caso da modelagem SBAS, melhora a capacidade de detecção de mudanças temporais do fenômeno deformacional. Por outro lado, a modelagem PSI, realizada através de uma pilha de interferogramas diferenciais, é baseada na detecção de *pixels*, cujas propriedades não variam muito temporalmente e nem com a geometria de visada, permitindo uma análise temporal da fase interferométrica de alvos pontuais (espalhadores de radar) e propiciando também informação deformacional mais acurada relacionada com os deslocamentos de alvos no terreno. Assim, a modelagem PSI fornece melhor acurácia deformacional do que a modelagem SBAS. A PSI consegue modelar melhor as deformações, ao passo que com a SBAS é possível detectar deformações mais intensas e de comportamento não linear, fornecendo uma cobertura espacial maior com mais pontos relacionados à deformação no terreno, embora à custa de perda em resolução espacial. Dessa forma, uma combinação das duas abordagens tenderia a maximizar a detecção de maior número de pontos com uma maior acurácia.

A Fig. 5.23 mostra os resultados obtidos com a modelagem SBAS, com deslocamento no terreno projetado na direção em LoS do TerrraSAR-X. Durante o período de

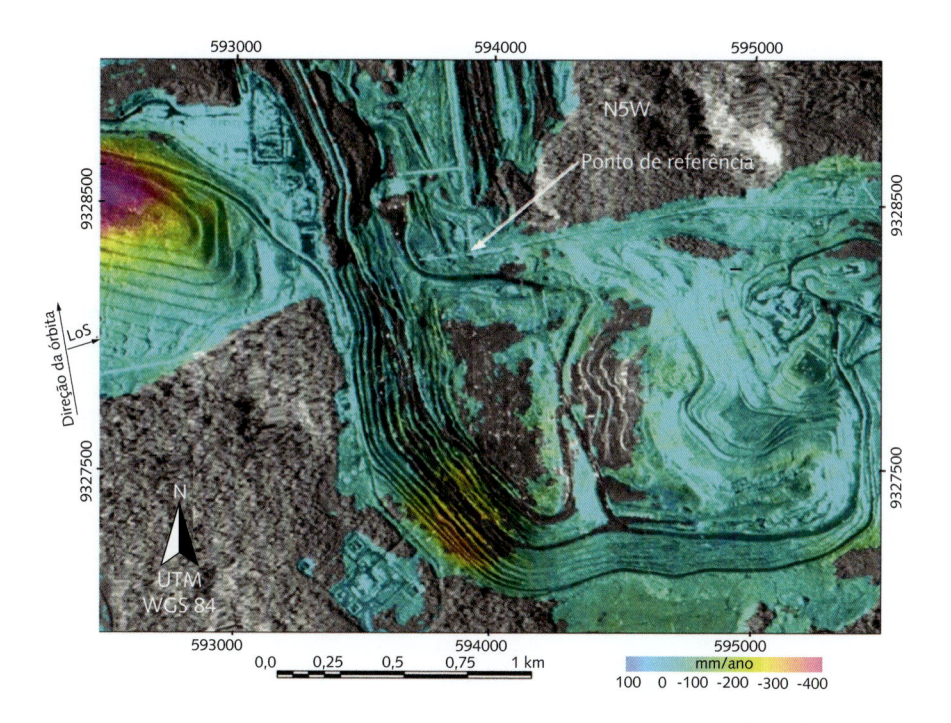

FIG. 5.23 *Mapa de velocidade de deformação em LoS obtido pela técnica SBAS*

aquisição das imagens SAR (20 de março de 2012 a 20 de abril de 2013), a mina N5W foi monitorada com estação total/prismas que foram usados na validação. Os resultados com a modelagem PSI combinada com a SBAS são indicados na Fig. 5.24.

Da análise desses resultados, constatou-se que as maiores deformações foram detectadas na pilha de disposição de estéril, como pode ser visto na escala em cores ciano-esverdeadas na Fig. 5.24. Além disso, a presença de PMs indicativos de deformação foi também constatada em algumas bancadas da mina. Para o restante da área, predominaram condições gerais de estabilidade (coloração azulada). De maneira geral, verificou-se que o processamento SBAS combinado com IPTA apresentou características bem semelhantes no que se refere às deformações vistas anteriormente, particularmente as detectadas no flanco SW da mina N5W com o uso da abordagem DInSAR clássica, que já foi discutida anteriormente neste livro.

Cabe aqui um comentário teórico para justificar a abordagem inovadora que foi desenvolvida na pesquisa. A abordagem proposta foi combinar as técnicas SBAS e PSI na mesma cadeia de processamento interferométrico, utilizando-se as funções SBAS e IPTA, do *software* Gamma RS (Gamma Remote Sensing, 2013). O resultado SBAS foi usado como *input* no processamento PSI. O propósito dessa combinação das duas técnicas foi ampliar a detecção de alvos relacionados com deformações não lineares e com máxima resolução espacial, levando-se em consideração que a

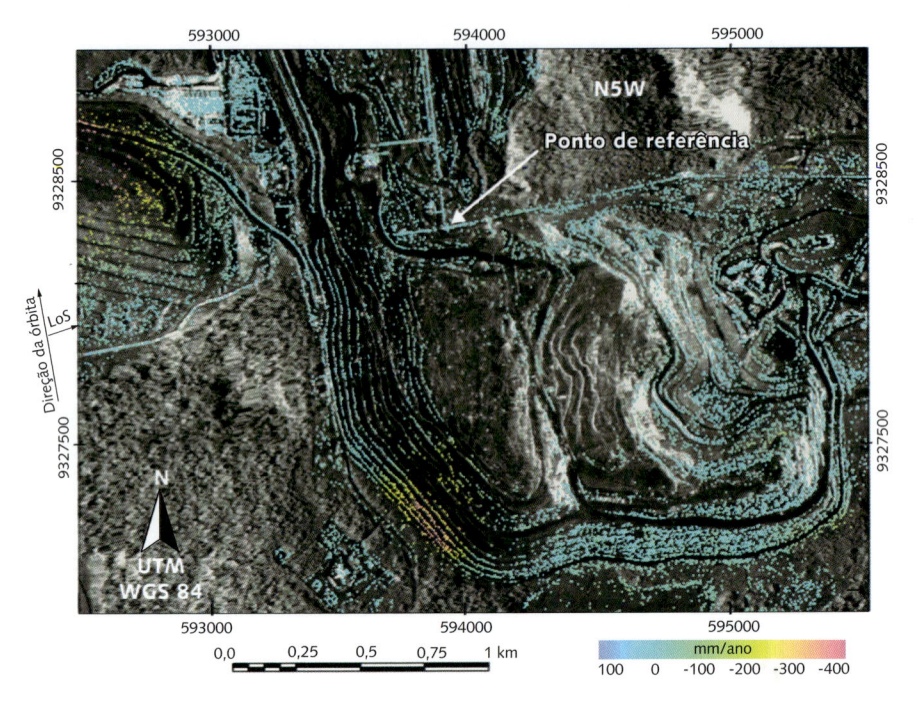

FIG. 5.24 *Mapa da velocidade de deformação em LoS obtido pela combinação das técnicas SBAS e PSI (IPTA)*

cinemática deformacional do terreno poderia ser relacionada com as variações de precipitações de estações seca e chuvosa no trópico úmido.

No caso particular de Carajás, o uso combinado das técnicas SBAS e PSI com imagens TerraSAR-X de alta resolução espacial, aquisições em intervalo temporal relativamente curto (11 dias) e cobrindo um intervalo de monitoramento de março de 2012 a abril de 2013, permitiu detectar PMs com taxas elevadas de deformação não linear em setores de bancadas da mina N5W (velocidade de deformação máxima de –340 mm/ano) e da pilha de estéril SIV (velocidade de deformação máxima de –520 mm/ano). A densidade dos PMs no processamento final foi de 16.365/km², levando em conta apenas a subárea analisada (4,41 km²) da mina N5W, podendo ser considerada de densidade elevada. A deformação pode ser atribuída a movimentos de escavação profunda em minério e rochas de baixa qualidade geomecânica e a um controle estrutural ligado à zona de cisalhamento orientada segundo NW-SE e aos sistemas de falhas EW. No caso dos taludes da pilha de estéril, as deformações detectadas estariam relacionadas com recalques mostrando valores normalmente esperados para esse tipo de estrutura mineira. A comparação entre as Figs. 5.23 e 5.24 exibe o aumento em PMs detectados para os taludes das bancadas de corte da mina N5W e da pilha de estéril SIV.

h. Validação dos resultados SBAS + PSI com medidas geodésicas

Durante o período de aquisição das imagens TerraSAR-X (20 de março de 2012 a 20 de abril de 2013), setores da mina N5W foram monitorados com o uso de estação total/prismas (Fig. 5.25). Os resultados das medidas orbitais e de campo foram comparados como validação, cobrindo o período de 24 de abril a 28 de setembro de 2012. Foram escolhidos os PMs próximos às localizações dos prismas (paredes de bancadas) nas datas de aquisição de 3 de maio a 4 de outubro, com revisita a cada 11 dias.

Da análise dos resultados da Fig. 5.26 é possível constatar que, apesar da grande variabilidade das medidas geotécnicas de campo, existe um bom ajuste de tendências entre os dois tipos de medidas de deformação. A combinação das técnicas SBAS e PSI com o uso de imagens de elevada resolução espacial do TerraSAR-X, adquiridas em tomadas interferométricas com revisita relativamente curta (11 dias), permitiu detectar deslocamentos no terreno com velocidade elevada de deformação não

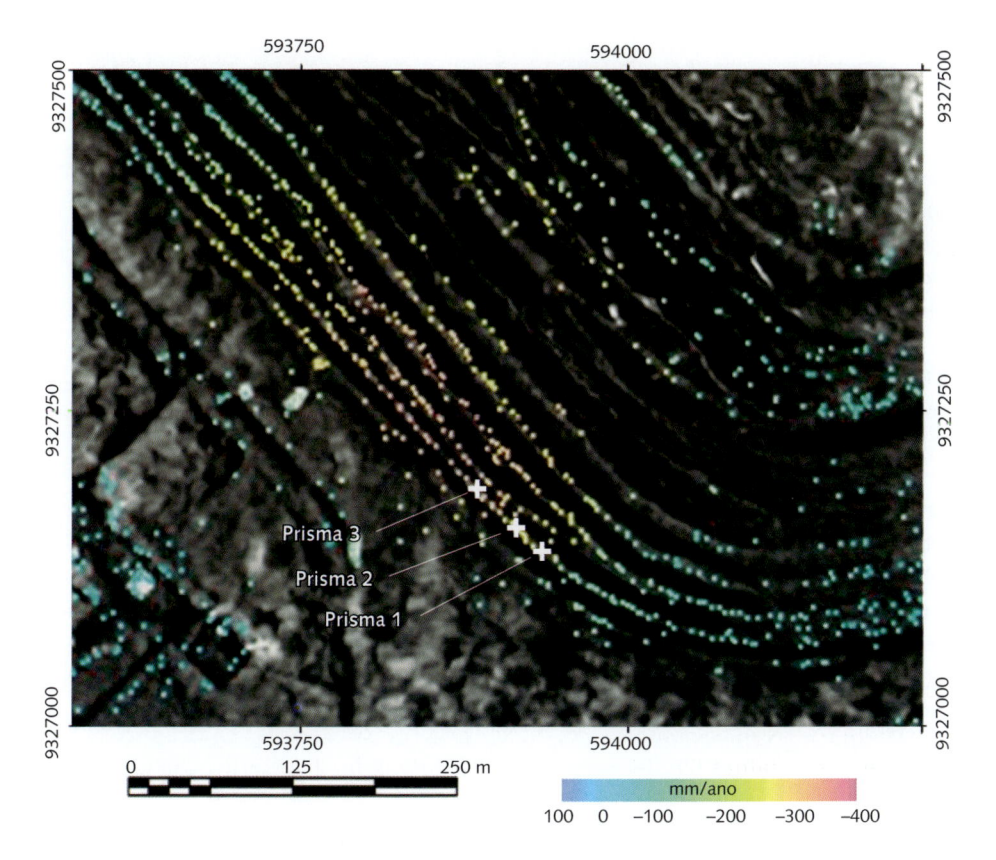

FIG. 5.25 *Localização dos pontos amostrados com as técnicas combinadas SBAS e PSI em bancadas na mina N5W e que foram usados na validação com valores de medidas geotécnicas (estação total/prismas)*

linear em uma mina ativa e uma pilha de estéril. Em atividades de mineração, esse tipo de abordagem pode ser usado para a localização exata de instalação de sistemas geotécnicos convencionais operando no campo. Dados orbitais com visão sinóptica e elevada acurácia de deformação, quando usados de modo sinérgico com dados de campo, podem prover informação útil para fins de alarme, planejamento e avaliação de riscos. Na Fig. 5.26 são mostradas as comparações entre medidas de campo com prismas e medidas da combinação PSI com SBAS. Detalhes sobre essa investigação podem ser vistos em Mura et al. (2016).

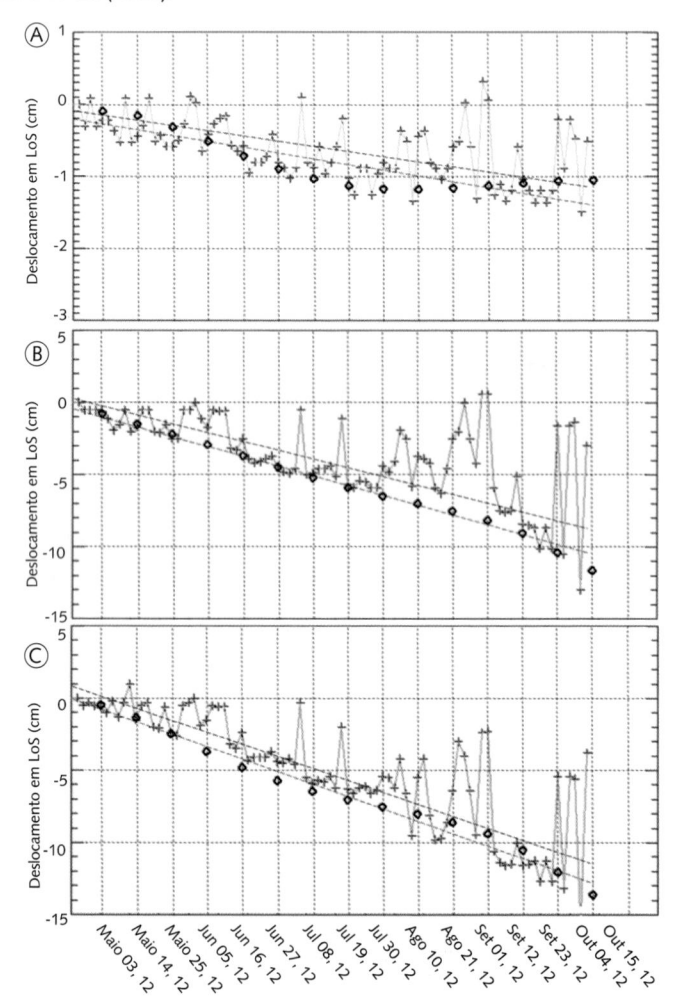

Fig. 5.26 *Medidas topográficas de campo (projetadas em LoS), representadas por pontos em cruz, e deslocamentos de PMs, representados por diamantes, obtidos de deslocamentos próximos aos prismas. As medidas dos prismas 1, 2 e 3 são vistos em (A), (B) e (C). Linhas em azul e vermelho representam a regressão linear das medidas dos prismas e orbitais, respectivamente*

i. Modelagem *Speckle Tracking*

Devido à intensa atividade de explotação mineral, a detecção de deformações na superfície e da estabilidade das pilhas de estéril constituíram dois tópicos importantes no monitoramento em Carajás. De modo a testar a abordagem *Speckle Tracking*, a pilha NW-1 foi selecionada como alvo para monitoramento. Essa estrutura, com mais de 33 anos na época da pesquisa, é geotecnicamente classificada como do tipo *valley-fill dump*, com altura de 220 m, bancadas de 20 m, bermas de 10 m de largura e talude de 27° (crista/base). A atividade intensa de movimentação de deposição na pilha pode ser confirmada pela ausência de PMs (espalhadores permanentes mais distribuídos) na modelagem SqueeSAR™. Devido às condições operacionais, medidas *in situ*, as quais revelariam mudanças de deformações na pilha, não são adquiridas de modo sistemático para os mesmos pontos no terreno. Apenas medidas topográficas são realizadas em setores restritos da estrutura, que dependem de mudanças na topografia causadas pelas atividades operacionais.

O resultado do uso da *Speckle Tracking* (com monitoramento realizado com 14 imagens sequenciais, adquiridas em condições adversas de mudanças na superfície) possibilitou a detecção de PMs distribuídos em grande área da estrutura, particularmente em seu interior, e realçou a melhoria que foi obtida quando comparada com a abordagem SqueeSAR™ (Figs. 5.27 e 5.28)

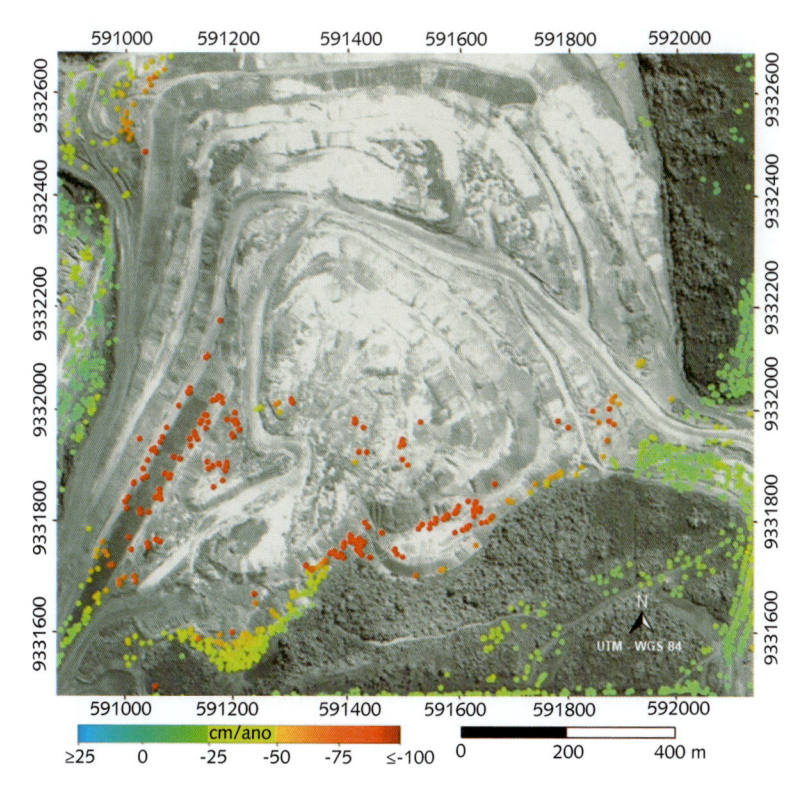

FIG. 5.27 *Resultados da modelagem SqueeSAR™ (14 imagens TSX-1) mostrando a quase ausência de PMs na área da pilha NW-1*
Fonte: adaptado de TRE (2013).

A deformação máxima detectada foi de subsidência de −47,72 cm. As áreas sem informação na Fig. 5.28 estão relacionadas a mudanças muito intensas na superfície, e, dessa forma, as medidas de deformações derivadas com imagens SAR não são viáveis. Assim, essa inovação de uso da amplitude de imagens orbitais SAR ampliou a perspectiva de utilização da tecnologia para propósitos de monitoramento operacional desse tipo de estrutura.

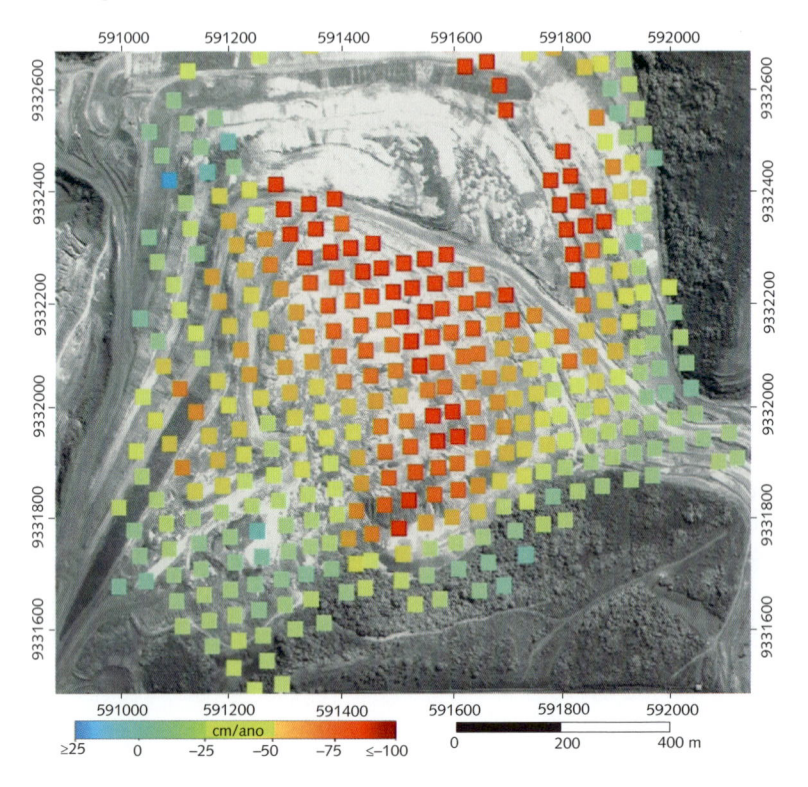

FIG. 5.28 *Resultados da modelagem* Speckle Tracking *para o intervalo de monitoramento de 20 de março a 8 de julho de 2012*
Fonte: adaptado de TRE (2013).

5.2 Monitorando barragens de rejeitos

O país tem enorme vocação para a exploração de *commodities* minerais, com muitas estruturas de barragens de rejeitos minerais construídas, cujas rupturas são extremamente prejudiciais a vidas, ambiente e produtividade do empreendimento da mineração. A utilização da tecnologia DInSAR possibilita monitorar desde pequenas até grandes obras ativas e inativas de barragens de rejeitos, sem a necessidade de campanhas de campo ou instalação de equipamentos. Duas vantagens são associadas com o uso de monitoramento com SAR orbital: permite frequente atualização sobre as condições de estabilidade desse tipo de estrutura e possibilita obter informações de deformação com acurácia detalhada, particularmente quando o acesso é limitado na operação de equipamentos geotécnicos convencionais. O texto a seguir exemplifica o uso da tecnologia A-DInSAR com dados do satélite Sentinel-1 no monitoramento das condições de estabilidade que antecederam a ruptura em 2019 da Barragem I, da mina Córrego do Feijão.

5.2.1 A Barragem I, da mina Córrego do Feijão

A Barragem I era parte da mina Córrego do Feijão, que compunha o Complexo Paraopeba no município de Brumadinho, em Minas Gerais (Fig. 5.29). A mina está relacionada com itabiritos da sequência plataformal do Supergrupo Minas, com idade Paleoproterozoica (2,1-2,0 Ga). Minérios de ferro maciços e friáveis foram formados durante o Neogênio sobre produtos associados com enriquecimentos hidrotermais (Rosière; Rolim, 2016).

A barragem foi adquirida e desenvolvida pela Ferteco Mineração S.A. até abril de 2001, quando passou a pertencer à mineradora Vale S.A. A produção na mina Córrego do Feijão teve início em 1963, com a barragem sendo utilizada para estocar rejeitos de minério de ferro (sínter) desde 1976. Em 2018 a mina produziu 8,5 milhões de toneladas de minério, correspondendo a 2% da produção total da Vale S.A. (Cavallini, 2019). A barragem foi construída usando o método de alteamento a montante em 15 estágios

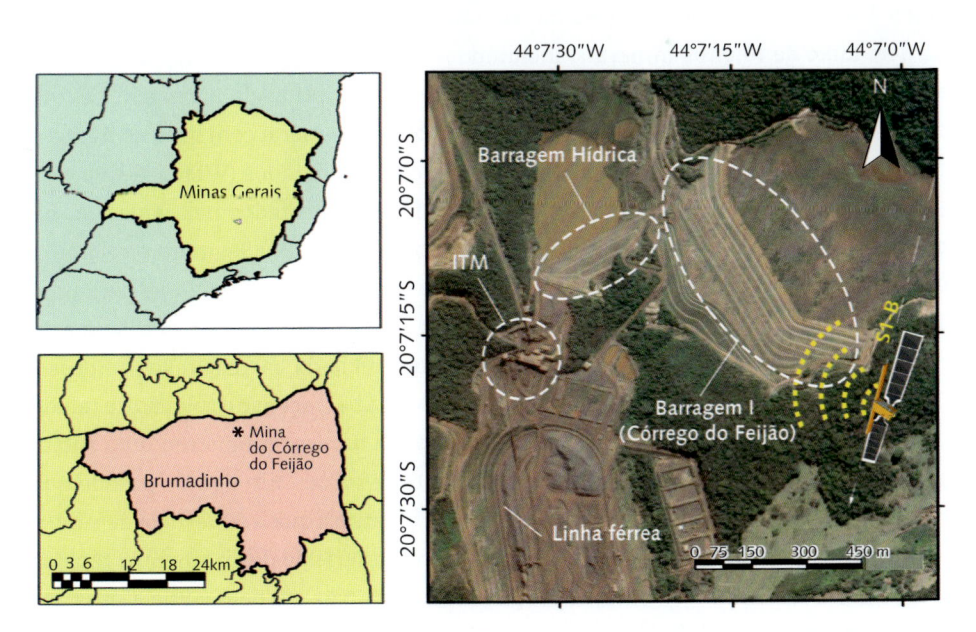

FIG. 5.29 *Localização do Complexo de Ferro Paraopeba, com indicação da Barragem I, da barragem hídrica, da instalação de tratamento de minério (ITM), das redes de acesso férreo e rodoviário e do traçado projetado da órbita descendente do satélite Sentinel-1B utilizado na pesquisa*

entre 1976 e 2013, atingindo altura máxima de 86 m, crista com extensão de 720 m e capacidade máxima do reservatório de 12 milhões de metros cúbicos, que era o volume antes da ruptura. Ela estava inativa à época do rompimento, com as operações interrompidas desde 2015, e um processo de descomissionamento estava em curso.

5.2.2 A ruptura da Barragem I

No início da tarde de 25 de janeiro de 2019, a Barragem I sofreu rompimento e, em curto intervalo de minutos, o material de rejeito passou por liquefação, resultando em um fluxo de lama que atingiu a drenagem do Córrego do Feijão e posteriormente a confluência com o rio Paraopeba em horas, estendendo-se por mais de 300 km em direção ao rio São Francisco. Aproximadamente 9,7 milhões de metros cúbicos de material de rejeito (em torno de 75% do volume pré-ruptura) foram envolvidos na tragédia. Ao final de março de 2020, um total de 250 mortes tinham sido confirmadas e 11 corpos estavam ainda desaparecidos. O fluxo de rejeito também destruiu partes do distrito do Córrego do Feijão, incluindo uma pousada próxima e várias propriedades rurais, bem como trechos de pontes e estradas e aproximadamente 100 m de linha férrea. Áreas agrícolas no vale a jusante da barragem também foram danificadas. Análises de amostras de água do rio Paraopeba indicaram valores elevados de chumbo e mercúrio, além dos limites aceitáveis, como também níquel, cádmio e zinco. Uma área considerável (269 ha) ao longo das drenagens foi também destruída pelo fluxo de rejeitos minerais, incluindo a cobertura vegetal da Mata Atlântica e áreas de proteção ambiental (Cionek et al., 2019). A ruptura da Barragem I é tida como a quinta maior tragédia no histórico da indústria mineral com base no número de mortes, impacto ambiental e quantidade de rejeitos liberados (WMTF, 2019).

Um relatório técnico produzido por especialistas contratados pela Vale S.A. foi publicado em 12 de dezembro de 2019 (Robertson et al., 2019). Segundo o relatório, o rompimento do talude da barragem teve início na crista, estendendo-se para uma área logo acima do primeiro alteamento. A crista da barragem caiu e a área acima da região do pé se abaulou para fora antes que a superfície da barragem se rompesse. O rompimento se estendeu por grande parte da face da barragem e o colapso do talude ocorreu em menos de 10 s. O material depositado na barragem mostrou uma súbita e significativa perda de resistência e rapidamente se tornou um líquido pesado que escorreu a jusante em alta velocidade. Os vídeos mostram que a superfície de ruptura inicial foi relativamente rasa e foi seguida por uma série de deslizamentos rápidos e rasos, com taludes íngremes que progrediram para trás até os rejeitos. Com base nas observações, concluiu-se que o rompimento foi resultado da liquefação estática dos materiais da barragem. A perda de resistência significativa e repentina indica que os materiais retidos pela barragem apresentavam comportamento frágil.

O painel de especialistas ainda concluiu que a súbita perda de resistência e o rompimento resultante da barragem marginalmente estável foram devidos a uma combinação crítica de deformações específicas internas contínuas, decorrentes do *creep* e de uma redução de resistência relacionada à perda de sucção na zona não saturada, causada pela precipitação intensa no final do ano de 2018. Isso se seguiu a vários anos de precipitação crescente depois que o lançamento de rejeitos cessou, em julho de 2016. As deformações específicas calculadas pré-rompimento, a partir dessa combinação de gatilhos, correspondem bem às pequenas deformações específicas da barragem detectadas na análise pós-ruptura, com base nas imagens de satélite do ano anterior ao evento. As deformações específicas internas e a redução de resistência na zona não saturada alcançaram um nível crítico que resultou no rompimento observado no dia 25 de janeiro de 2019.

Finalmente, cabe destacar que, segundo o relatório, o rompimento teria sido um evento único sob a perspectiva de que ocorreu sem sinais aparentes de instabilidade. A barragem foi monitorada extensivamente usando uma combinação de *drones*, marcos topográficos ao longo da crista da barragem, inclinômetros para medir deformações internas, radar de solo para monitorar as deformações de superfície da face da barragem e piezômetros para medir mudanças nos níveis internos de água, entre outros instrumentos. Nenhum desses métodos teria detectado deformações ou alterações significativas antes do rompimento. Resultados de análises A-DInSAR conduzidas posteriormente ao colapso com dados de fontes distintas (TerraSAR-X, Sentinel-1 e COSMO-Skymed) detectaram pequenas deformações, lentas e essencialmente contínuas, no intervalo de 16 mm a 36 mm por ano, ocorrendo na face da barragem no ano anterior ao rompimento, com alguma aceleração da deformação durante a estação chuvosa. Tais deformações seriam compatíveis com recalque lento e de longo prazo da barragem e não seriam, sozinhas, sinais precursores indicativos de um evento maior.

5.2.3 Dados Sentinel-1B e processamentos A-DInSAR

A pesquisa foi desenvolvida com o uso de 26 cenas do satélite Sentinel-1B, com formato *Single Look Complex* (SLC), modo IW, polarização C-VV, resolução espacial de 5 m × 20 m (range × azimute), órbita descendente (visada para W-NW), 32,56° de incidência no centro da cena, revisita de 12 dias e período de monitoramento de 11 meses (Tab. 5.5). Os arquivos de órbitas foram atualizados utilizando dados da ESA (*Precise Orbit Ephemerides files*, POEORB) para todo o conjunto de cenas Sentinel-1B, de forma a se obterem os cálculos de interferogramas com máxima precisão. Cabe salientar que a última aquisição do Sentinel-1B na área ocorreu três dias antes da ruptura da barragem.

Duas modelagens A-DInSAR foram utilizadas, a SBAS e a PSI. No caso da SBAS, foram usadas as funções interferométricas disponíveis no *software* desenvolvido

TAB. 5.5   IMAGENS IW USADAS NO MONITORAMENTO COM O SENTINEL-1B

Aquisição	Data	Aquisição	Data
1	16/3/2018	14	31/8/2018
2	28/3/2018	15	12/9/2018
3	9/4/2018	16	24/9/2018
4	21/4/2018	17	6/10/2018
5	3/5/2018	18	18/10/2018
6	15/5/2018	19	30/10/2018
7	27/5/2018	20	11/11/2018
8	8/6/2018	21	23/11/2018
9	20/6/2018	22	5/12/2018
10	2/7/2018	23	17/12/2018
11	14/7/2018	24	29/12/2018
12	26/7/2018	25	10/1/2019
13	19/8/2018	26	22/1/2019

pela SARMAP AG Company (SARscape, 2019). No caso da PSI, foram adotadas as funções interferométricas da modelagem IPTA (Gamma Remote Sensing, 2013). No processamento SBAS, empregou-se um conjunto (*stack*) de 26 imagens corregistradas SLC, tendo como referência a cena adquirida no centro da série temporal, de 31 de agosto de 2018. Foram aplicadas filtragens *multi-look* em cada imagem SLC, usando filtros de duas amostras em azimute e quatro amostras em range. A pilha de interferogramas (*stack*) foi construída com base no valor correspondente a 45% da linha de base crítica (4.966,68 m) e no intervalo temporal máximo entre aquisições de 80 dias, valores que apresentaram melhor desempenho na obtenção de medidas de deformação. Através desse procedimento, um total de 129 interferogramas foi gerado, sendo que, devido a erros de desdobramento de fase, dois interferogramas foram descartados. O processamento de desdobramento de fase foi realizado segundo os algoritmos Delaunay 3D e MCF. Através da modelagem SBAS, foram selecionados 13 PMs em áreas assumidas como estáveis para a estimativa e a remoção da contribuição de fases remanescentes (rampa de fase e fase não desdobradas). Uma filtragem passa-baixa (janela de 1.200 m × 1.200 m) foi aplicada nos resíduos dos interferogramas para a remoção da contribuição de fase atmosférica durante a segunda iteração no processamento SBAS.

No caso da modelagem PSI com o *software* IPTA, a pilha de interferogramas foi gerada tendo-se como referência uma imagem mestre adquirida em 31 de agosto de 2018, com uma menor dispersão das linhas de base perpendiculares da pilha e localizada próxima ao centro da série temporal. A pilha de 24 pares interferométricos apresentou valores de linhas de base entre −50 m e 180 m. A identificação dos candidatos a espalhadores persistentes foi baseada nos critérios do índice de dispersão de amplitude (Ferretti; Prati; Rocca, 2001) e de menor diversidade espectral (Werner et al., 2003). Para tornar o processamento PSI mais eficiente, foram estimadas *a priori* as correções de altura topográfica e das taxas de deformação linear, utilizando um conjunto de interferogramas multirreferenciados com filtragem *multi-look* de 3 × 1 *pixels* (3 em range). A inversão por *Singular Value Decomposition* (SVD) foi realizada para converter os valores de fase da pilha multirreferenciada para valores em sequência temporal. Os valores das componentes de fase relacionados à contribuição dos erros topográficos e das taxas de deformação linear previamente estimados foram subtraídos em módulo 2π dos valores da fase original dos espalhadores persistentes (PM), resultando em uma fase residual em módulo 2π em cada PM.

O processamento PSI final foi então realizado nas componentes de fase residual de cada PM. O deslocamento no terreno foi estimado através de uma regressão linear entre a variação de fase no tempo de cada PM, analisado no intervalo de taxas de deformação entre −30 mm/ano e 30 mm/ano. O desvio-padrão de fase predefinido para o erro da regressão linear foi de 1,35 radiano, o que permitiu detectar e rejeitar pontos não adequados no processamento IPTA. O ruído da fase atmosférica foi atenuado com o uso de uma filtragem espacial de 200 × 200 *pixels* nas fases residuais da regressão linear, considerando que esse tipo de ruído é espacialmente correlacionado e temporalmente não correlacionado. Após a remoção do ruído atmosférico, a fase remanescente se relaciona com as componentes das fases residuais linear e não linear e com erros topográficos. Através de iteração passo a passo, os resultados da análise PSI foram adicionados aos resultados da análise da pilha multirreferenciada, fornecendo a estimativa final do deslocamento no terreno e do erro topográfico final, realçando que apenas os PMs que se ajustaram às restrições do processamento IPTA foram considerados.

5.2.4 Resultados dos monitoramentos SBAS e PSI

Os valores de deformação SBAS são relativos ao ponto de referência assumido como estável no processamento. Os resultados da taxa de deformação são visualizados em 3D, tendo como base uma composição colorida de elevada resolução espacial do imageamento óptico WorldView (Figs. 5.30 e 5.31). Valores positivos correspondem a deslocamento no terreno em direção ao Sentinel-1B e valores negativos indicam movimentação de afastamento do SAR. Os maiores valores de deformação (cores avermelhadas) foram encontrados no reservatório, enquanto valores menores (cores amareladas e esverdeadas) foram detectados para pontos ao longo da face do talude geral e da infraestrutura da mineração. Os resultados mostraram uma razoável

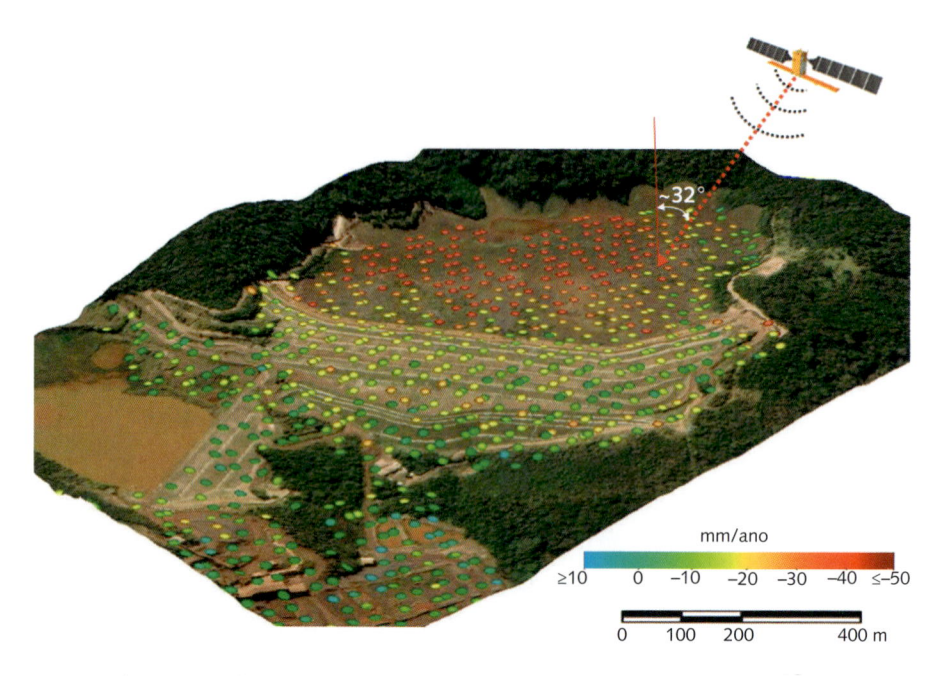

FIG. 5.30 Visão em 3D da Barragem I mostrando a deformação acumulada obtida com o processamento SBAS com dados IW do Sentinel-1B

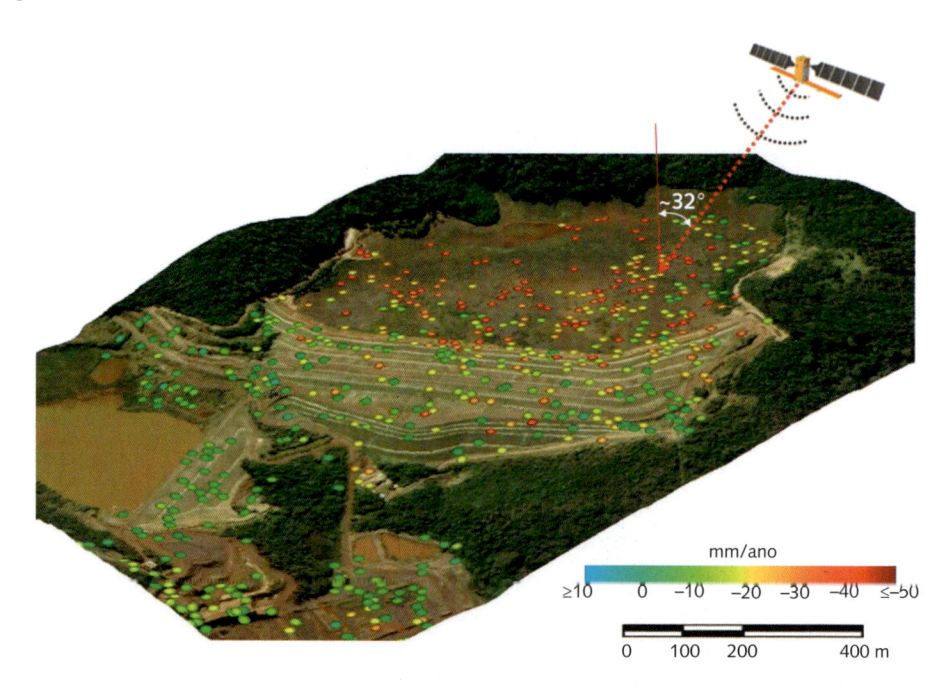

FIG. 5.31 Visão em 3D da Barragem I mostrando a deformação acumulada obtida com o processamento PSI (IPTA) com dados IW do Sentinel-1B

densidade de pontos detectados ao longo da face da barragem, com densidade média de 2.259,24 PMs/km² (modelagem SBAS) e 1.174,80 PMs/km² (modelagem PSI).

As séries temporais de deformações para as duas modelagens são mostradas nos gráficos das Figs. 5.32 e 5.33, realçando as diferenças de comportamento para três pontos selecionados: no interior do reservatório, na crista e na base da face do talude geral. De modo geral, uma tendência similar, com movimentos afastando-se do SAR,

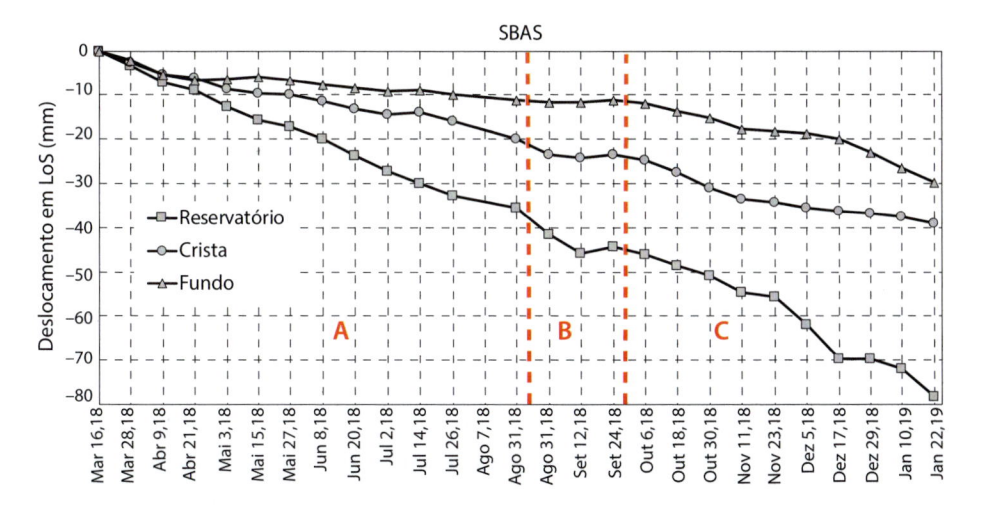

FIG. 5.32 Série temporal de deformação para a modelagem SBAS para pontos selecionados em três setores da Barragem I: no interior do reservatório, na crista e na base da face do talude. As letras A, B e C são de tendências de deformação discutidas no texto

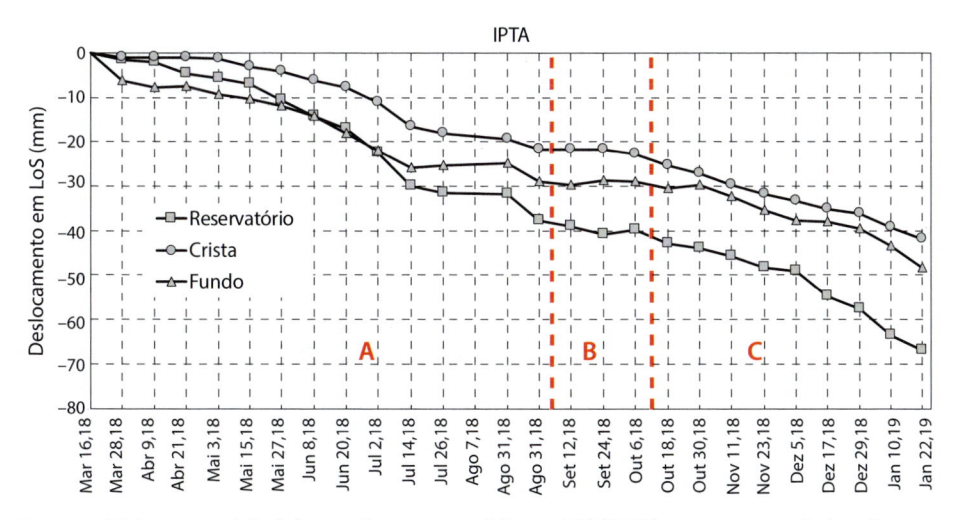

FIG. 5.33 Série temporal de deformação para a modelagem PSI (IPTA) para pontos selecionados em três setores da Barragem I: no interior do reservatório, na crista e na base da face do talude. As letras A, B e C são de tendências de deformação discutidas no texto

foi detectada. Essa tendência é caracterizada por um primeiro período tipificado por um gradiente de aceleração linear mais lento, do início do monitoramento ao final de agosto de 2018 (letra A), seguido por uma fase de relativa estabilidade até outubro de 2019 (letra B) e, finalmente, um período com um gradiente de aceleração mais intenso até a última aquisição do Sentinel-1B, em 22 de janeiro de 2019, três dias antes da ruptura da estrutura (letra C).

Cabe salientar que as deformações do processamento PSI estão associadas com valores mais elevados que as com o SBAS, embora com menor densidade de pontos medidos. Os perfis de deformação, tanto SBAS quanto PSI, para pontos medidos no interior do reservatório são de características lineares, com um maior gradiente de deformação quando comparado com setores amostrados ao longo da face do talude.

Analisando as taxas de deformação com a modelagem SBAS para cada setor da Fig. 5.32, verifica-se que a deformação na crista no setor A foi a maior (–50,71 mm/ano), enquanto no setor B a taxa foi mais baixa (–13,78 mm/ano), tendendo à estabilidade, e no setor C houve um aumento (–48,07 mm/ano), quase atingindo o valor do setor A. Para a base da barragem, foi constatado um valor moderado de taxa de deformação no setor A (–25,25 mm/ano), estabilidade no setor B (–2,74 mm/ano) e maior aceleração de deformação no setor C (–60,59 mm/ano). Na Tab. 5.6 são indicadas as taxas de deformação com a modelagem SBAS para cada setor definido na Fig. 5.32. Os valores máximos de deformação acumulada no período de monitoramento com o processamento SBAS para a crista, o fundo e o reservatório foram –39 mm, –31 mm e –79 mm, respectivamente.

TAB. 5.6 TAXA DE DEFORMAÇÃO COM MODELAGEM SBAS PARA CADA SETOR

	SBAS (crista)	SBAS (fundo)
Setor A	–50,71 mm/ano	–25,25 mm/ano
Setor B	–13,78 mm/ano	–2,74 mm/ano
Setor C	–48,07 mm/ano	–60,59 mm/ano

As séries temporais de deformação com a modelagem PSI (Fig. 5.33), relacionadas a pontos medidos em três setores (crista, fundo e reservatório), mostraram valores mais elevados para o setor C, com valores similares entre a crista (–64,49 mm/ano) e a base da barragem (–65,10 mm/ano). Para o setor A, a taxa de deformação na crista (–46,97 mm/ano) foi mais baixa que para a base (–63,08 mm/ano). Por outro lado, a taxa na crista para o setor A (–63,08 mm/ano) foi similar ao valor medido na base da barragem (–64,49 mm/ano). Na Tab. 5.7 são indicados os valores das velocidades medidas para os três setores discutidos. Cabe, por último, salientar que os valores máximos de deformação acumulada para o período de monitoramento com o processamento PSI para a crista, o fundo e o reservatório foram −42 mm, −48 mm e −67 mm, respectivamente. Um aspecto importante no comportamento das deformações refere-se à precipitação na região. De acordo com o Ministério da Economia (Brasil, 2019b), uma revisão dos dados de precipitações revelou um aumento gradual na quantidade de chuvas no período de outubro a dezembro de 2018 quando comparado ao mesmo período dos três anos prévios (62% de incremento comparado com 2015, 28% em 2016 e 15% em 2017). Assim, o aumento sucessivo de precipitação na estrutura contribuiu como um gatilho do evento de ruptura.

Tab. 5.7 Taxa de deformação com modelagem PSI para cada setor

	PSI (crista)	PSI (fundo)
Setor A	−46,97 mm/ano	−63,08 mm/ano
Setor B	−11,48 mm/ano	−0,84 mm/ano
Setor C	−64,49 mm/ano	−65,10 mm/ano

Os valores das deformações máximas acumuladas para a face da barragem durante o período de monitoramento estiveram no intervalo de −30 mm a −39 mm (SBAS) e −42 mm a −48 mm (PSI). As deformações no reservatório podem ser atribuídas a recalques com máxima deformação acumulada durante o monitoramento, atingindo −79 mm (SBAS) e −67 mm (PSI). Todos os deslocamentos medidos estiveram associados com valores negativos (movimentação afastando-se do SAR) e são projeções ao longo de WNW da LoS do vetor de deslocamento 3D que afetou a face do talude principal, cuja ruptura foi orientada segundo WSW. O relacionamento entre a variação da precipitação e a aceleração das deformações, particularmente durante a estação úmida com início em outubro de 2018, é consistente com a presença de águas como um dos principais agentes para a instabilidade da estrutura.

A ruptura foi analisada nessa pesquisa com dados Sentinel-1B de acordo com duas modelagens independentes e indicaram evidências de deformações na face do talude e no reservatório e suas evoluções temporais. Ambas as técnicas, que consideram diferentes modelos de mecanismos de espalhamento no terreno, exibiram resultados compatíveis, sendo que a modelagem SBAS esteve relacionada com uma melhor cobertura espacial, mas com valores de deformação menores, enquanto com a modelagem PSI valores mais elevados de deformação foram detectados, embora com menor quantidade de pontos medidos. Nesse sentido, as modelagens SBAS e PSI podem ser consideradas complementares, posto que fornecem resultados convergentes, os quais maximizam a cobertura espacial e a detecção de deformações.

Em relação à comparação com os dados de monitoramento apresentados no relatório dos especialistas (Robertson et al., 2019), as seguintes considerações são possíveis. Segundo o relatório, a Barragem I sofreu um evento de ruptura escalonado e muito abrupto, não detectado pelos sistemas geotécnicos ativos de campo. A baixa revisita temporal do Sentinel-1B (12 dias) não permite detecções de fenômenos escalonados com deformações rápidas, por não ser uma técnica *real-time*. Contudo, mesmo não sendo sistemas comparáveis (orbital com campo), ambos os conjuntos de dados são concordantes em relação à presença de movimentos ao longo da face do talude, com tendência a aceleração detectada em cinco locais pelo radar de campo IBIS-FM, acima da velocidade mínima detectável do radar operando no modo de campo *Slow Movement*, atingindo deslocamentos, em direção ao SAR de campo, de até 4 mm para o período de duas semanas que antecedeu a ruptura (9 a 24 de janeiro de 2019). Essas taxas de deslocamento estariam fora do mínimo detectável pelo sistema (Michelini et al., 2014; Leoni et al., 2015). Analisando as séries temporais do Sentinel-1B, particularmente com a modelagem PSI, foi também constatado um incremento na velocidade de deformação para a parte inferior da face do talude, detectado no período de meados de dezembro de 2018 até a última cena adquirida, três dias antes da ruptura. É interessante notar que a deformação orbital apresentou deslocamentos afastando-se do SAR, enquanto a deformação com o radar de campo apresentou tendência de movimentação aproximando-se do sistema, sendo ambos os movimentos compatíveis com a orientação da ruptura (WSW). Como os dados orbitais não foram usados de forma integrada e com sinergia com os sistemas de campo, é razoável supor que os dados Sentinel-1B forneceriam aos tomadores de decisão informação independente na avaliação de risco e num melhor entendimento dos fenômenos de instabilidade que já estavam em curso na barragem. Detalhes dessa pesquisa podem ser vistos em Gama et al. (2020).

6

Considerações finais

Uma longa jornada foi percorrida pelos autores nesta última década no domínio das várias alternativas da tecnologia DInSAR (DInSAR Clássica, SBAS, PSI (IPTA), *Speckle Tracking, Intensity Tracking*) para a geração de conhecimento especializado e a formação de pessoal capacitado no país. O uso cada vez maior da DInSAR em mineração é fácil de ser entendido: medidas fornecidas por SARs orbitais propiciam uma visão sinóptica do mecanismo de deslocamento no terreno, com acurácia milimétrica, provendo dados que influenciam as atividades das áreas de explotação e sua vizinhança, que não podem ser obtidos de modo sistemático por sistemas de observação *in situ*. Dessa forma, dados orbitais InSAR aumentam a segurança do empreendimento mineral, fornecendo sinais precursores de instabilidade, como em taludes de cavas, de modo efetivo, revelando áreas onde o monitoramento contínuo com sistemas convencionais de campo deve ser implantado. Isso serve para atividades de exploração em minas ativas e para aquelas em processo de desativação. Além disso, como visto no texto, A-DInSAR explorando atributos de amplitude do sinal retroespalhado permite também monitorar áreas de atividades com mudanças intensas na superfície, como é o caso de pilhas de deposição de estéril, locais onde a ocorrência de instabilidades pode levar ao colapso de toda a estrutura.

O conhecimento adquirido com a pesquisa permitiu definir dois esquemas de abordagens. No caso de taludes de cavas, a informação de resolução espacial é fundamental. Imagens de elevada resolução, como as adquiridas pelos sistemas TerraSAR-X (resolução de 3,3 m × 1,7 m) ou COSMO-Skymed (5 m × 5 m), são fundamentais para a caracterização das áreas de explotação, que são de geometria irregular e apresentam escavação em profundidade. Nesse sentido, o emprego de imageamentos em constelação permite uma elevada revisita. Com limitação de faixa de cobertura (*swaths* entre 30 km e 40 km), o maior inconveniente de uso desses sistemas é sua operação sendo feita de modo comercial, o que aumenta o custo das imagens interferométricas.

Todavia, mesmo assim, a utilização de interferometria com imagens TerraSAR-X e COSMO-Skymed já é uma realidade no monitoramento de deformações em frentes de explotação mineral no país, como ocorre em Carajás.

No caso de monitoramento de barragens de rejeitos minerais, o desempenho do Sentinel-1B revelou-se uma grata surpresa. Com *swath* de faixa larga (250 km) e resolução espacial mais pobre que a dos sistemas comerciais (4 m × 20 m no modo IW), imagens do Sentinel-1B permitiram a detecção de alvos de radar adequados à aplicação interferométrica. Além disso, dados Sentinel-1A ou 1B são fornecidos sem custo, com *download* em poucas horas após a aquisição das cenas. Assumindo que existe uma quantidade enorme de barragens minerais ativas ou em processo de descomissionamento no país, e que é atribuição governamental licenciar, fiscalizar e monitorar essas estruturas, o uso da interferometria com imagens Sentinel-1A ou 1B com *swaths* cobrindo grandes áreas desses empreendimentos é de grande importância na inovação tecnológica da mineração.

Sistemas operando com λ maiores (ALOS-PALSAR e SAOCOM em banda L) podem auxiliar na obtenção de imagens com boa coerência em terrenos com cobertura vegetal, posto que os dados são menos afetados por fenômenos de descorrelação, porém com sensibilidade menor às taxas de deformação quando comparados com os das bandas X e C.

O aumento no volume de dados disponíveis atualmente para monitoramento com imagens orbitais SAR é impressionante: dados Sentinel-1A e 1B já implicam fluxo de dados que excede 1 terabyte/dia, o que equivale à quantidade total de imagens sendo adquiridas por satélites de observação da Terra. É, assim, importante considerar cada vez mais o advento de novos sistemas SAR, particularmente os operando em constelações, o que resultará em maior fluxo de dados e complexidade de tratamento desse acervo. Porém, mais dado coletado não significa, necessariamente, mais informação. E informação não é conhecimento. Essa é a razão da necessidade de forte compromisso com a integração de dados multifontes (Paradella et al., 2015b) e sua interpretação. Novos algoritmos e sistemas especialistas, utilização de abordagens em nuvem e disponibilidade de pessoal especializado permitirão transformar, com eficiência, dados orbitais em informação e conhecimento. Aplicações diversificadas já fazem uso da InSAR como monitoramento de obras de engenharia (túneis, metrô), explotação de óleo e hidrocarbonetos, análise de estabilidade de escorregamentos (*landslides*) etc. A DInSAR já é uma tecnologia madura, e os autores esperam que, com este texto introdutório focado na indústria da mineração, isso possa ter sido demonstrado.

Referências bibliográficas

ABDELFATTAH, R.; NICOLAS, J. M. Sub-Pixelic Image Registration for SAR Interferometry Coherence Optimization. *Proceedings of the ISPRS Congress*, Istanbul, Turkey, v. 20, p. 3, 2004.

ABRÃO, P. C.; OLIVEIRA, S. L. *Mineração*: geologia de engenharia. São Paulo: ABGE, 1998. p. 431-438.

ADIMB – AGÊNCIA PARA O DESENVOLVIMETO TECNOLÓGICO DA INDÚSTRIA MINERAL BRASILEIRA. IBRAM: produção de minério em 2019 caiu, mas faturamento cresceu. *Clipping ADIMB*, 2020. Disponível em: <https://adimb.org.br/ADMBLACK/clipping/476.pdf>. Acesso em: 14 fev. 2020.

AMARAL, G. *Sensores remotos*: aplicações em geociências. São Paulo: Instituto de Geociências (USP), 1975. p. 114.

ANM – AGÊNCIA NACIONAL DE MINERAÇÃO. *Classificação de barragens de mineração*. 2019. Disponível em: <www.anm.gov.br/assuntos/barragens/pasta-classificacao-de-barragens-de-mineracao/plano-de-seguranca-de-barragens>. Acesso em: 4 abr. 2019.

BEISIEGEL, V. R.; BERNARDELLI, A. L.; DRUMMOND, N. F.; RUFF, A. W.; TREMAINE, J. W. Geologia e recursos minerais da Serra dos Carajás. *Revista Brasileira de Geociências*, v. 3, p. 215-242, 1973.

BERARDINO, P.; FORNARO, G.; LANARI, R.; SANSOSTI, E. A New Algorithm for Surface Deformation Monitoring Based on Small Baseline Differential Interferograms. *IEEE Transactions Geoscience and Remote Sensing*, v. 40, p. 2375-2383, 2002.

BERMANN, C. Desafios sociais e ambientais da mineração no Brasil e a sustentabilidade. In: MELFI, A. J.; MISI, A.; CAMPOS, D. A.; CORDANI, U. G. (Org.). *Recursos minerais no Brasil*: problemas e desafios. Rio de Janeiro: Academia Brasileira de Ciências; Vale S.A., 2016. Cap. 5, p. 364-375.

BIENIAWSKI, Z. T. *Engineering Rock Mass Classifications*. New York: John Wiley & Sons, 1989. p. 272.

BIESCAS, E.; CROSETTO, M.; AGUDO, M.; MONSERRAT. O.; CRIPPA, B. Two Radar Interferometric Approaches to Monitor Slow and Fast Land Deformation. *Journal of Surveying Engineering*, v. 133, n. 2, p. 66-71, 2007.

BIZZI, L. A.; SCHOBBENHAS, C.; GONÇALVES, J. H.; BAARS, F. J.; DELGADO, I. M.; ABRAM, M. B.; LEÃO NETO, R.; MATTOS, G. M. M.; SANTOS, J. O. S. *Geologia, tectônica e recursos minerais do Brasil*: sistema de informações geográficas. 4. ed. Brasília: CPRM, 2001. Escala 1:2.500.000. CD-ROMs.

BRASIL. Ministério da Economia. *Estatísticas de comércio exterior*. Brasília, 2019a. Disponível em: <http://www.mdic.gov.br/index.php/comercio-exterior/estatisticas-de-comercio-exterior/series-historicas>. Acesso em: 28 fev. 2019.

BRASIL. Ministério da Economia. *Analysis Report of the Work Accident on the Dam-1 Failure in Brumadinho (MG)*. Brasília, 2019b. p. 1-237. Disponível em: <https://sit.trabalho.gov.br>. Acesso em: 30 jul. 2020.

BRITO, S. Os taludes da mineração: importância e riscos. In: CONGRESSO BRASILEIRO DE MINERAÇÃO, Belo Horizonte, Workshop II: Geotecnia e Hidrogeologia Aplicadas à Mineração. 2011.

BVP ENGENHARIA. *Mapeamento litoestrutural e litogeomecânico da mina N4E*. Relatório interno da Vale. Carajás, abr. 2011a. p. 80.

BVP ENGENHARIA. *Mapeamento litoestrutural e litogeomecânico da mina N5W*. Relatório interno da Vale. Carajás, ago. 2011b. p. 61.

CASTRO, E.; MORANDI, C. Registration of Translated and Rotated Images Using Finite Fourier Transforms. *IEEE Transactions on Pattern Analysis and Machine Intelligence*, PAMI-9, v. 5, p. 3317-3341, 1987.

CAVALLINI, M. Mina que abriga barragem em Brumadinho responde por 2% da produção da Vale; veja raio-X. G1, 28 jan. 2019. Disponível em: <https://g1.globo.com/economia/noticia/2019/01/28/mina-que-abriga-barragem-em-brumadinho-responde-por-2-da-producao-da-vale-veja-raio-x.ghtml>. Acesso em: 28 jan. 2019.

CIONEK, V. M.; ALVES, G. H. Z.; TÓFOLI, R. M.; RODRIGUES-FILHO, J. L.; DIAS, R. Brazil in the Mud Again: Lessons not learned from Mariana Dam Collapse. *Biodiversity and Conservation*, 2019. DOI: 10.1007/s10531-019-01762-3.

COLESANTI, C.; FERRETTI, A.; NOVALI, F.; PRATI, C.; ROCCA, F. SAR Monitoring of Progressive and Seasonal Ground Deformation Using the Permanent Scatterers Technique. *IEEE Transactions on Geoscience and Remote Sensing*, v. 41, n. 7, p. 1685-1701, 2003.

COLESANTI, C.; MOUELIC, L.; BENNANI, M.; RAUCOLES, D.; CARNEC, C.; FERRETTI, A. Detection of Mining Related Ground Instabilities Using the Permanent Scatterers Technique: A Case Study in the East of France. *International Journal of Remote Sensing*, v. 26, n. 1, p. 201-207, 2005.

COLESANTI, C.; WASOWSKI, J. Investigating Landslides with Space-Borne Synthetic Aperture Radar (SAR) Interferometry. *Engineering Geology*, v. 88, p. 173-199, 2006.

CONSTANTINI, M. A Novel Phase Unwrapping Method Based on Network Programming. *Transactions on Geoscience and Remote Sensing*, v. 36, n. 3, p. 813-821, 1998.

CONSTANTINI, M.; FALCO, S.; MLVAROSA, F.; MINATI, F.; TRILLO, F.; VECCHIOLI, F. Persistent Scatterer Pairs (PSP) Approach in Very High-Resolution SAR Interferometry. In: SYNTHETIC APERTURE RADAR (EUSAR), 8ª Conferência Europeia sobre SAR, Aachen, Alemanha, 6 jul. 2010. p. 1-4.

CORDANI, U. G.; JULIANI, C. Potencial mineral da Amazônia: problemas e desafios. *Revista de Estudios Brasilenos*, Ediciones Universidad de Salamanca, v. 6, n. 11, p. 91-108, 2019. DOI: 10.14201/reb201961191108.

CROSETTO, M.; BIESCAS, E.; DURO, J.; CLOSA, J.; ARNAUD, A. Generation of Advanced ERS and Envisat Interferometric SAR Products Using the Stable Point Network Technique. *Photogrammetric Engineering and Remote Sensing*, v. 74, n. 4, p. 443-450, 2008.

CROSETTO, M.; CRISPA, B.; BIESCAS, E.; MONSERRAT, O.; AGUDO, M.; FERNANDES, P. Land Deformation Monitoring Using SAR Interferometry: state-of-the-art. *Photogrammetrie fernerkundung geoinformation*, v. 6, p. 497-510, 2005.

CROSETTO, M.; MONSERRAT, O.; CERVAS-GONZALES, M.; DEVANTHÉRY, N.; CRIPPA, B. Persistent Scatterer Interferometry: A Review. *ISPRS Journal of Photogrammetry and Remote Sensing*, v. 115, p. 79-89, 2016.

DALSTRA, H. J.; GUEDES, S. C. Giant Hydrothermal Hematite Deposits with Mg-Fe Metasomatism: A Comparison of the Carajás, Hamersley and Others. *Economic Geology*, v. 99, p. 1793-1800, 2004.

DAVIES, M.; MARTIN, T. Mining Market Cycles and Tailings Dam Incidents. In: INTERNATIONAL CONFERENCE ON TAILINGS AND MINE WASTE, 13., 2009, Alberta, Canada. Proceedings... 2009. Disponível em: <https://docplayer.net/14797608-Mning-market-cycles-and-tailings-dam-incidents.html>. Acesso em: 4 abr. 2019.

DEHLS, J. *Permanent Scatterer InSAR Processing*: Forsmark Swedish Nuclear Fuel and Waste Management Co. SKB Rapport R-06-56. Stockholm, Sweden, 2006.

DELLWIG, L. F.; KIRK, J. N.; WALTERS, R. L. The Potential of Low-Resolution Radar Imagery in Regional Geologic Studies. *Journal of Geophysical Research*, v. 71, n. 20, p. 4995-4998, 1966.

DIERKING, W. Quantitative Roughness Characterization of Geological Surfaces and Implications for Radar Signature Analysis. *IEEE Transactions on Geoscience and Remote Sensing*, v. 37, n. 5, p. 2397-2412, 1999.

DUNLAP, O. E. *Radar*: What it is and How it Works. New York: Harper and Brothers Publishers, 1946. 208 p.

ELACHI, C. *Introduction to the Physics and Techniques of Remote Sensing*. New York: John Wiley & Sons, 1987. p. 413.

ELACHI, C. Spaceborne Radar Remote Sensing: Applications and Techniques. *IEEE Spectrum*, v. 25, n. 12, p. 1-17, 1988.

FERRETTI, A. *Satellite InSAR Data*: Reservoir Monitoring from Space. Education Tour, Series 9. European Association of Geoscientists & Engineers (EAGE), 2014. p. 159.

FERRETTI, A.; FUMAGALLI, A.; NOVALI, F.; PRATI, C.; ROCCA, F.; RUCCI, A. A New Algorithm for Processing Interferometric Data-Stacks: SqueeSAR. *IEEE Transactions on Geoscience and Remote Sensing*, v. 49, n. 9, p. 3460-3470, 2011.

FERRETTI, A.; PRATI, C.; ROCCA, F. Nonlinear Subsidence Rate Estimation Using Permanent Scatterers in Differential SAR Interferometry. *IEEE Transactions on Geoscience and Remote Sensing*, v. 38, n. 5, p. 2202-2212, 2000.

FERRETTI, A.; PRATI, C.; ROCCA, F. Permanent Scatterers in SAR Interferometry. *IEEE Transactions on Geoscience and Remote Sensing*, v. 39, n. 1, p. 8-20, 2001.

FIELDING, E. J.; BLOM, R. G.; GOLDSTEIN, R. M. Rapid Subsidence Over Oil Fields Measured by SAR Interferometry. *Geophysical Research Letters*, v. 25, n. 17, p. 3215-3218, 1993.

FISCHER, W. History of Remote Sensing. In: REEVES, R. G. (Ed.). *Manual of Remote Sensing*. Falls Church, Virginia: American Society Photogrammetry and Remote Sensing, 1975. Chap. 2, p. 27-50.

FORD, J. P.; CIMINO, J. B.; HOLT, B.; RUZEK, M. R. *Shuttle Imaging Radar Views the Earth from Challenger*: The SIR-B Experiment. Pasadena, USA: NASA-JPL, 1986. p. 135.

FORMAN, J.; MELFI, A. J.; MISI, A.; CAMPOS, D. A.; CORDANI, U. G. Considerações finais sobre o setor mineral brasileiro e visão de futuro. In: MELFI, A. J.; MISI, A.; CAMPOS, D. A.; CORDANI, U. G. (Org.). *Recursos minerais no Brasil*: problemas e desafios. Rio de Janeiro: Academia Brasileira de Ciências; Vale S.A., 2016. Cap. 7, p. 407-417.

GABRIEL, A. K.; GOLDSTEIN, R. M. Crossed Orbits Interferometry: Theory and Experimental Results from SIR-B. *International Journal of Remote Sensing*, v. 9, n. 5, p. 857-872, 1988.

GABRIEL, A. K.; GOLDSTEIN, R. M.; ZEBKER, H. A. Mapping Small Elevation Changes Over Large Areas: Differential Radar Interferometry. *Journal of Geophysical Research*, v. 94, p. 9183-9191, 1989.

GAMA, F. F.; CANTONE, A.; MURA, J. C.; PASQUALI, P.; PARADELLA, W. R.; SANTOS, A. R.; SILVA, G. G. Monitoring Subsidence of Open Pit Iron Mines at Carajás Province Based on SBAS Interferometric Technique Using TerraSAR-X Data. *Remote Sensing Applications: Society and Environment*, v. 8, p. 199-211, 2017.

GAMA, F. F.; MURA, J. C.; PARADELLA, W. R.; OLIVEIRA, C. G. Deformations Prior to the Brumadinho Dam Collapse Revealed by Sentinel-1 InSAR Data Using Small Baseline and Persistent Scatterer Techniques. *Remote Sensing*, v. 12, n. 3664, p. 1-22, 2020. DOI: 10.3390/rs12213664.

GAMMA REMOTE SENSING. *User's Guide* version 1.4. Bern, Switzerland: Gamma Remote Sensing and Consulting AG, 2013.

GIBBS, A. K.; WIRTH, K. R.; HIRATA, W. K.; OLSZEWSKI Jr., W. J. Idade e composição das rochas vulcânicas do Grupo Grão Pará, Serra dos Carajás. *Revista Brasileira de Geociências*, v. 16, n. 2, p. 201-211, 1986.

GLOBESAR-2. *Recursos educacionais para sensoriamento remoto de radar*: processamento e extração de informação de imagens de radar. Ottawa: Canada Centre for Remote Sensing, 1998. CD-ROM.

GOLUB, G.; LOAN, C. Matrix Computations. Baltimore: John Hopkins University Press, 1989. p. 427-435.

GOMES, L. L. *Avaliação espacial da perda de solo por erosão pela equação universal de perda de solo (EUPS), Pilha de Estéril Sul, Carajás, PA*. Dissertação (Mestrado Profissional em Engenharia Geotécnica) – Universidade Federal de Ouro Preto, Ouro Preto, 2012. p. 1-171.

GRAHAM, L. C. Synthetic Interferometer Radar for Topographic Mapping. *Proceedings of the IEEE*, v. 62, n. 6, p. 763-768, 1974.

HAGBERG, J. O.; ULANDER, L. M. H. On the Optimization of Interferometric SAR for Topographic Mapping. *IEEE Transactions on Geoscience and Remote Sensing*, v. 31, n. 1, p. 303-306, 1993.

HANNON, J. *Slope Stability Radar*. Thesis (Bachelor of Science) – Department of Mining Engineering, Queen's University Kingston, Ontario, Canada, 2007. p. 42.

HARTWIG, M. E.; PARADELLA, W. R.; MURA, J. C. Detection and Monitoring of Surface Motions in Active Mine in the Amazon Region, Using Persistent Scatterer Interferometry with TerraSAR-X Satellite Data. *Remote Sensing*, p. 4719-4734, 2013.

HOLDSWORTH, R.; PINHEIRO, R. V. L. The Anatomy of Shallow-Crustal Transpressional Structures: Insights from the Archean Carajás Fault Zone, Amazon, Brazil. *Journal of Structural Geology*, v. 22, p. 1105-1123, 2000.

HOEK, E.; BRAY, J. *Rock Slope Engineering*. Revised 2nd Edition. London: The Institution of Mining and Metallurgy, 1981.

HOOPER, A.; ZEBKER, H.; SEGALL, P.; KAMPES, B. A New Method for Measuring Deformation on Volcanoes and Other Natural Terrains Using InSAR Persistent Scatterers. *Geophysical Research Letter*, v. 31, n. 23, p. 1-5, 2004.

HUALLANCA, R. E. Z. *Mecanismos de ruptura em taludes altos de mineração a céu aberto*. Dissertação (Mestrado) – Escola de Engenharia de São Carlos, Universidade de São Paulo, 2004. p. 1-115.

JAROSZ, A.; WANKE, D. Use of InSAR for Monitoring of Mining Deformations. *Proceedings of FRINGE 2003 Workshop*, Frascati, Italy, 2004. ESA SP-550.

JUST, D.; BAMLER, R. Phase Statistics of Interferograms with Applications to Synthetic Aperture Radar. Applied Optics, v. 33, n. 20, p. 4361-4368, 1994.

KÄÄB, A. Remote Sensing of Mountain Glaciers and Permafrost Creep. *Schriftenreihe Physische Geographie*, v. 48, p. 266, 2005.

KOTYNSKI, R.; CHALASINSKA-MACUKOV, K. Optical Correlator with Dual Non-Linearity. *Journal of Modern Optics*, v. 43, n. 2, p. 295-310, 1966.

KRYMSKY, R. S. H.; MACAMBIRA, J. B.; MACAMBIRA, M. B. J. Geocronologia U-Pb em zircão de rochas vulcânicas da Formação Carajás, Estado do Pará. In: SIMPÓSIO SOBRE VULCANISMO e AMBIENTES ASSOCIADOS, Belém. Abstract... 2002. p. 41.

LAZZARINI, S. G.; JANK, M. S.; INOUE, C. F. K. V. *Commodities* no Brasil: maldição ou benção? In: BACHA, E.; BOLLE, E. (Org.). *O futuro da indústria no Brasil*: desindustrialização em debate. Rio de Janeiro: Civilização Brasileira, 2013. p. 201-225.

LEONI, L.; COLI, N.; FARINA, P.; COPPI, F.; MICHELINI, A.; COSTA, T. A. On the Use of Ground-Based Synthetic Aperture Radar for Long-Term Slope Monitoring to Support the Mine Geotechnical Team. FMGM, Australian Centre for Geomechanics, Perth, p. 789-797, 2015. Disponível em: <https://papers.acg.uwa.edu.au/p/1508-58-Farina>.

LIMA, M. I. C. *Projeto RADAM*: uma saga amazônica. Belém: Editora Paka-Tatu, 2008. p. 1-138.

LIVINGSTONE, C. E.; BRISCO, B.; BROWN, R. *On Being the Right Size*: A Tutorial on Spatial Resolution in SAR Remote Sensing. Internal Report. Canada Centre for Remote Sensing, 1999. p. 1-35.

LOBATO, L. M.; ROSIÈRE, C. A.; SILVA, R. C. F.; ZUCCHETTI, M.; BARRS, F. J.; SEOANE, J. C. S.; RIOS, F. J.; PIMENTEL, M.; MENDES, G. E.; MONTEIRO, A. M. A mineralização hidrotermal de ferro da Província Mineral de Carajás: controle estrutural e contexto na evolução metalogenética da província. In: MARINI, O. J.; de QUEIROZ, E. T.; RAMOS, B. W. (Ed.). *Caracterização de depósitos minerais em distritos mineiros da Amazônia*. Brasília: DNPM; CT-Mineral/FINEP; ADIMB, 2005. p. 25-92.

LOWMAN Jr., P. D.; HARRIS, J.; MASUOKA, P. M.; SINHGROY, V. H.; SLANEY, V. R. Shuttle Imaging Radar (SIR-B) Investigations of the Canadian Shield: Initial Report. *IEEE Transactions on Geoscience and Remote Sensing*, v. GE-25, n. 1, p. 55-66, 1987.

LUNDGREN, P.; USAI, S.; SASOSTI, E.; LANARI, R.; TESAURO, M.; FORNARO, G.; BERARDINO, P. Modeling Surface Deformation Observed with SAR Interferometry at Campi Flegrei Caldera. *Journal of Geophysics Research*, v. 106, p. 19355-19367, 2001.

LYONS, R. G. DFT Shifting Theorem. In: LYONS, R. G. *Understanding Digital Signal Processing*. Prentice Hall, 2004. Chap. 3, p. 63-65.

MacDONALD, H. Historical Sketch-RADAR Geology. In: RADAR Geology: An Assessment. Radar Geology Workshop, JLP Publication 80-61. Colorado: NASA, 1979. p. 23-37.

MANZO, M.; RICCIARDI, G. P.; CASU, F.; VENTURA, G.; ZENI, G.; BORGSTROM, S.; BERARDINO, P.; GAUDIO, C. D.; LANARI, R. Surface Deformation Analysis in the Inschia Island (Italy) Based on Spaceborne Radar Interferometry. *Journal of Vulcanology and Geothermal Research*, v. 151, p. 399-416, 2006.

MARINI, O. Potencial mineral do Brasil. In: MELFI, A. J.; MISI, A.; CAMPOS, D. A.; CORDANI, U. G. (Org.). *Recursos minerais no Brasil*: problemas e desafios. Rio de Janeiro: Academia Brasileira de Ciências; Vale S.A., 2016. Cap. 1, p. 18-31.

MASSONNET, D.; FEIGL, K. L. Radar Interferometry and its Application to Changes in the Earth's Surface. *Reviews of Geophysics*, v. 36, n. 4, p. 441-500, 1998.

MASSONNET, D.; ROSSSI, M.; CARMONA, C.; ADAGNA, F.; PELTZER, G.; FEIGL, K.; RABAUTE, T. The Displacement Field of the Landers Earthquake Mapped by Radar Interferometry. *Nature*, v. 364, n. 8, p. 138-142, 1993.

MATHER, P. M. *Computer Processing of Remotely-Sensed Images*: An Introduction. New York: John Wiley & Sons, 2004. p. 1-442.

McHUGH, E. L.; DWYER, J.; LONG, D. G.; SABINE, C. Applications of Ground-Based Radar to Mine Slope Monitoring. Report of Investigations 9666. USA: National Institute for Occupational Safety and Health, 2006. p. 32.

MEIRELES, E. M.; HIRATA, W. K.; AMARAL, A. F.; MEDEIROS-FILHO, C. A.; GATO, W. C. Geologia das Folhas Carajás e Rio Verde, Província Mineral dos Carajás, Estado do Pará. In: CONGRESSO BRASILEIRO DE GEOLOGIA, 31., Rio de Janeiro. Anais... Sociedade Brasileira de Geologia, 1984. v. 5, p. 2164-2174.

MICHEL, R.; AVOUAC, J. P.; TABOURY, J. Measuring Ground Displacements from SAR Amplitude Images: Application to the Landers Earthquake. *Geophysical Research Letters*, v. 26, n. 7, p. 875-878, 1999.

MICHEL, R.; RIGNOT, E. Flow of Glaciar Moreno, Argentina, from Repeat-Pass Shuttle Imaging Radar Images: Comparison of the Phase Correlation Method with Radar Interferometry. *Journal of Glaciology*, v. 45, n. 149, p. 93-100, 1999.

MICHELINI, A.; FARINA, P.; COLI, F.; LEONI, I.; SÁ, G.; COSTA, T. Advanced Data Processing of Ground-Based Synthetic Aperture Radar for Slope Monitoring in Open Mines. In: US ROCK MECHANICS GEOMECHANICS, 48., 2014, Minneapolis. Proceedings... 2014. Disponível em: <https://www.researchgate.net/publication/282699042>. Acesso em: 30 jul. 2020.

MURA, J. C. *Geocodificação automática de imagens de radar de abertura sintética interferométrico*: Sistema Geo-InSAR. São José dos Campos: INPE, 2000, p. 1-159. INPE-8209--TDI/764.

MURA, J. C.; GAMA, F. F.; PARADELLA, W. R.; NEGRÃO, P.; CARNEIRO, S.; OLIVEIRA, C. G.; BRANDÃO, W. Monitoring the Vulnerability of the Dam and Dikes in Germano Iron Mining Area after the Collapse of the Tailings Dam of Fundão (Mariana-MG, Brazil) Using DInSAR Techniques with TerraSAR-X Data. *Remote Sensing*, v. 10, p. 1507, 2018.

MURA, J. C.; PARADELLA, W. R.; GAMA, F. F.; SILVA, G. G.; GALO, M.; CAMARGO, P. O.; SILVA, A. Monitoring of Non Linear Ground Movement in an Open Pit Iron Mine Based on an Integration of Advanced DinSAR Techniques Using TerraSAR-X Data. *Remote Sensing*, v. 6, p. 409-427, 2016. DOI: 10.3390/rs8050409.

NADER, A. S. *Monitoramento de taludes via radar SSR como indicador chave de desempenho geotécnico integrado às atividades primárias da cadeia de valor mineral*. Tese (Doutorado em Engenharia Mineral) – EPUSP, 2013. p. 1-214.

OLIVEIRA, C. G. *Avaliação da informação planialtimétrica derivada de dados RADARSAT-2 e TerraSAR-X para produção de cartas topográficas na escala 1:50.000*. Tese (Doutorado em SR) – INPE, 2011. p. 178.

ORMAN, M.; PEEVERS, R.; SAMLE, K. Waste Piles and Dumps. In: DARLING, P. (Ed.). *SME Mining Engineering Handbook*. 3rd ed. Englewood, CO, USA: SME, 2011. v. 1, p. 667-680.

OUCHI, K. Recent Trend and Advance of Synthetic Aperture Radar with Selected Topics. *Remote Sensing*, v. 5, p. 716-807, 2013.

PAEK, S. W.; BALASUBRAMANIAN, S.; KIM, S.; De WECK, O. Small-Satellite Aperture Radar for Continuous Global Biospheric Monitoring: A Review. *Remote Sensing*, v. 12, p. 2546-2577, 2020. DOI: 10.3390/rs12162546.

PARADELLA, W. R.; CHENG, P. Using GeoEye-1 Stereo Data in Mining Applications: Automatic DEM Generation. *Geoinformatics*, v. Jan-Feb, p. 10-12, 2013.

PARADELLA, W. R.; MURA, J. C.; GAMA, F. F.; SANTOS, A. R.; SILVA, G. G. Radares imageadores (SAR) orbitais: tendências em sistemas e aplicações. In: SIMPÓSIO BRASILEIRO DE SENSORIAMENTO REMOTO, 7., INPE, João Pessoa. *Anais...* INPE, 2015a. p. 2506-2513.

PARADELLA, W. R.; MURA, J. C.; GAMA, F. F.; SANTOS, A. R.; SILVA, G. G.; GALO, M.; CAMARGO, P. O.; SILVA, A. Q. Complementary Use of Information from Space-Based DinSAR and Field Measuring Systems for Operational Monitoring Purposes in Open Pit Iron Mines of Carajás Mining Complex (Brazilian Amazon Region). *ISPRS – International Archives of the Photogrammetry, Remote Sensing and Spatial Information Sciences*, v. XL-7/W3, p. 905-911, 2015b.

PARADELLA, W. R.; FERRETTI, A.; MURA, J. C.; COLOMBO, D.; GAMA, F. F.; TAMBURINI, A.; SANTOS, A. R.; NOVALI, F.; GALO, M.; CAMARGO, P. O.; SILVA, A. Q.; SILVA, G. G.; SILVA, A.; GOMES, L. L. Mapping Surface Deformation in Open Pit Iron Mines of Carajás Province (Amazon Region) Using and Integrated SAR Analysis. *Engineering Geology*, v. 193, p. 61-78, 2015c. DOI: 10.1016/j.enggeo.2015.04.015.

PARADELLA, W. R.; SILVA, M. F. F.; ROSA, N. A.; KUSHIGBOR, C. A. A Geobotanical Approach to the Tropical Rain Forest Environment of the Carajás Mineral Province (Amazon Region, Brazil), Based on Digital TM-Landsat and DEM Data. *International Journal of Remote Sensing*, v. 15, n. 8, p. 1633-1648, 1994.

PEAKE, W. H.; OLIVER, T. L. *The Response of Terrestrial Surfaces at Microwaves Frequencies*. Ohio State University Technical Report 2770-7. Columbus, 1971.

PINTO, C. A.; PARADELLA, W. R.; MURA, J. C.; GAMA, F. F.; SANTOS, A. R.; SILVA, G. G.; HARTWIG, M. E. Applying Persistent Scatterer Interferometry for Surface Displacement Mapping in the Azul Open Pit Manganese Mine (Amazon Region) with TerraSAR-X StripMap Data. *Journal of Applied Remote*, v. 9, p. 095978-1, 2015. DOI: 10.1117/1.JRS.9.095978.

ProRADAR. *Conceitos fundamentais do radar imageador*: nível básico. Ottawa: Canada Centre for Remote Sensing; INPE, 1997. p. 40.

RANEY, R. K. Radar Fundamentals: Technical Perspective. In: HENDERSON, F. M.; LEWIS, A. (Ed.). *Principles & Applications of Imaging Radar*: Manual of Remote Sensing. 3rd ed. Maryland, USA. American Society for Photogrammetry and Remote Sensing, 1998. Chap. 2, p. 9-130.

RASPINI, F.; BIANCHINI, S.; CIAMPALINI, A.; DEL SOLDATO, M.; SOLARI, L.; NOVALI, F.; DEL CONTE, S.; RUCCI, A.; FERRETTI, A. Continuous, Semi-Automatic Monitoring of Ground Deformation Using Sentinel-1 Satellites. *Scientific Reports*, v. 8, p. 7253, 2018. DOI: 10.1038/s41598-018-25369-w.

RASPINI, F.; CIAMPALINI, A.; DEL CONTE, S.; LOMBARDI, L.; INOCENTINI, M.; GIGLI, G.; FERRETTI, A.; CASAGLI, N. Exploitation of Amplitude and Phase of Satellite SAR Images for Landslide Mapping: The Case of Montescaglioso (South Italy). *Remote Sensing*, v. 7, p. 14576-14596, 2015. DOI: 10.3390/rs71114576.

RAUCOLES, D.; BOURGINE, B.; MICHELE, M.; COZANMET, G. L.; BREMNER, C.; VELDKAMP, J. G.; TRAGHEIM, D.; BATESON, L.; CROSSETTO, M.; AGUDO, M.; ENGDAHL, M. Validation and Intercomparison of Persistent Scattereres Interferometry: PSIC4 Project results. *Journal Applied Geophysics*, v. 68, n. 3, p. 335-347, 2009.

REDDY, B. S.; CHATTERJI, B. N. 1996. An FFT-Based Technique for Translation and Rotation, and Scale-Invariant Image Registration. *IEEE Transactions on Image Processing*, v. 5, n. 8, p. 1266-1271, 1996.

REIS, R. C. *Estudo de estabilidades de taludes da Mina de Tapira-MG*. Dissertação (Mestrado) – Programa de Pós-Graduação em Geotecnia, Universidade Federal de Ouro Preto, Ouro Preto, 2010. p. 95.

RIZZO, S. M. *Monitoramento das escavações de uma área de rejeito de bauxita*. Dissertação (Mestrado em Engenharia Civil) – Programa de Pós-Graduação de Engenharia, UFRJ, Rio de Janeiro, 2007. p. 158.

ROBERTSON, P. K.; MELO, L.; WILLLIAMS, D. J.; WILSON, G. W. *Report of the Expert Panel on the Technical Causes of the Failure of Feijão Dam 1*. 2019. p. 71. Disponível em: <https://bdrb1investigationstacc.z15.web.core.windows.net/assets/Feijao-Dam--I-Expert-Panel-Report-ENG.pdf>. Acesso em: 3 jan. 2020.

ROGERS, A. E. E.; INGALLS, R. P. Venus: Mapping the Surface Reflectivity by Radar Interferometry. *Science*, v. 165, p. 797-799, 1969.

ROSEN, P. A.; HENSLEY, S.; JOUGUIN, I. R.; LI, F. K.; ADSEN, S. N.; RODRIGUEZ, E.; GOLDSTEIN, R. M. Synthetic Aperture Radar Interferometry. *Proceedings of the IEEE*, v. 88, p. 333-382, 2000.

ROSIÈRE, C. A.; ROLIM, V. K. Formações ferríferas e minério de alto teor associado: o minério de ferro no Brasil, geologia, metalogênese e economia. In: MELFI, A. J.; MISI, A.; CAMPOS, D. A.; CORDANI, U. G. (Org.). *Recursos minerais no Brasil: problemas e desafios*. Rio de Janeiro: Academia Brasileira de Ciências; Vale S.A., 2016. Cap. 1, p. 32-45.

RUMSEY, H. C.; MORRIS, G. A.; GREEN, R. R.; GOLDSTEIN, R. M. A Radar Brightness and Altitude Image of a Portion of Venus. *Icarus*, v. 23, p. 1-7, 1974.

SALOMÃO, E. P.; VEIGA, A. T. C. Mineração: presente e futuro da Amazônia. In: MELFI, A. J.; MISI, A.; CAMPOS, D. A.; CORDANI, U. G. (Org.). *Recursos minerais no Brasil: problemas e desafios*. Rio de Janeiro: Academia Brasileira de Ciências; Vale S.A., 2016. Cap. 5, p. 376-393.

SARscape. *Technical Description.* Caslano, Switzerland: SARMAP AG Company, 2019. Disponível em: <http://www.sarmap.ch/pdf/SARscapeTechnical.pdf>. Acesso em: 5 jul. 2020.

SCHMIDT, D. A.; BÜRGMANN, R. Time-Dependent Land Uplift and Subsidence in the Santa Clara Valley, California from a Large InSAR Data Set. *Journal of Geophysical Research*, v. 108, n. B9, p. 2416-2429, 2003.

SHANKER, P.; CASU, F.; ZEBKER, H.; LANARI, R. Comparison of Persistent Scatterers and Small Baseline Time-Series InSAR Results: A Case Study of the San Francisco Bay Area. *IEEE Geoscience and Remote Sensing Letters*, v. 8, n. 4, p. 592-596, 2011.

SILVA, A. Q. *Avaliação do potencial de imagens SAR polarimétricas aplicada ao mapeamento geológico de crostas lateríticas do Platô N1, Província Mineral de Carajás, Pará.* Tese (Doutorado em SR) – INPE, 2010. p. 234.

SILVA, G. G.; MURA, J. C.; PARADELLA, W. R.; GAMA, F. F.; TEMPORIM, F. A. Monitoring of Ground Movement in Open Pit Iron Mines of Carajás Province (Amazon Region) Based on A-DInSAR Techniques Using TerraSAR-X Data. *Journal of Applied Remote Sensing*, v. 11, n. 2, p. 026027, 2017. DOI: 10.1117/1.JRS.11.026027.

SKINNER, B. J. Resources in the 21st Century: Can Supplies Meet Needs. Episodes, v. 12, p. 267-275, 1989.

STEPHENS, M. A. Use of the Kolmogorov-Smirnov, Cramer-Von Mises and Related Statistics Without Extensive. *Journal of the Royal Statistical Society*, Series B (Methodological), v. 32, n. 1, p. 115-122, 1970.

STROZZI, T.; LUCKMAN, A.; MURRAY, T.; WEGMULLER, U.; WERNER, C. L. Glacier Motion Estimation Using SAR Offset-Tracking Procedures. *IEEE Transactions on Geoscience and Remote Sensing*, v. 40, p. 2384-2391, 2002.

TEMPORIM, F. A.; GAMA, F. F.; MURA, J. C.; PARADELLA, W. R.; SILVA, G. G. Application of Persistent Scatterers Interferometry for Surface Displacement Monitoring in N5E Open Pit Mine Using TerraSAR-X Data in Carajás Province, Amazon Region. *Brazilian Journal of Geology*, v. 2017, p. 1-13, 2017.

TEMPORIM, F. A.; GAMA, F. F.; PARADELLA, W. R.; MURA, J. C.; SILVA, G. G.; SANTOS, A. R. Spatiotemporal Monitoring of Surface Motions Using DInSAR Techniques Integrated with Geological Information: A Case Study of an Iron Mine in the Amazon Region Using TerraSAR-X and RADARSAT-2 Data. *Environmental Earth Sciences*, v. 77, p. 1-11, 2018.

TOFANI, V.; RASPINI, F.; CATANI, F.; CASAGLI, N. Persistent Scatterer (PSI) Technique for Landslide Characterization and Monitoring. *Remote Sensing*, v. 5, n. 3, p. 1045-1065, 2013.

TRE. *Second Progress Report SqueeSARTM Analysis, Area of the Carajás Mines.* Contract FAPESP-INPE TRE. 2013. p. 1-21.

TRE-ALTAMIRA. *Our Technology.* 2019. Disponível em: <https://site.tre-altamira.com/company/our-technology, 2019>. Acesso em: 3 nov. 2019.

ULABY, F. T.; MOORE, R. K.; FUNG, A. K. *Microwave Remote Sensing*: Active and Passive. Reading, USA: Addison-Wesley, 1981. v. 1, 2 & 3.

USAI, S. A Least-Squares Approach for Long-Term Monitoring of Deformations with Differential SAR Interferometry. In: IGARSS 2002. Proceedings... Toronto, Canada, 2002. v. 2, p. 1247-1250.

VALE S. A. *Monitoramento geotécnico com radar de estabilidade*: flanco sudoeste, mina N4E. Gerência de Geotécnica e Hidrogeologia Norte, Departamento de Ferrosos Norte, 2012a. p. 8.

VALE S. A. *Avaliação geotécnica para área das trincas na estrada Raymundo Mascarenhas e taludes da cava de N5W, mina de N5W*. Gerência de Geotécnica e Hidrogeologia Norte, Departamento de Ferrosos Norte, 2012b. p. 17.

VALE S. A. *Desempenho da Vale em 2019*. 2019. Disponível em: <saladeimprensa.vale.com/Lists/Acervo/Attachments/3351/Vale_IFRS_4Q19p.pdf>. Acesso em: 2 jul. 2020.

VAZIRI, A.; MOORE, L.; ALI, H. Monitoring Systems for Warning Impending Failures in Slopes and Open Pit Mines. *Natural Hazards*, v. 55, p. 510-512, 2010.

VENEZIANI, P.; SANTOS, A. R.; PARADELLA, W. R. A evolução tectono-estratigráfica da Província Mineral de Carajás: um modelo com base em dados de sensores remotos orbitais (SAR-C RADARSAT-1, TM Landsat-5), aerogeofísica e dados de campo. *Revista Brasileira de Geociências*, v. 34, n. 1, p. 67-78, 2004.

VICTORINO, H. S. *Análise de deformação em pilhas de disposição de estéril (NWI, W e SIV) no Complexo Minerador de Carajás com uso de dados Stripmap do satélite TerraSAR-X*. Dissertação (Mestrado em Sensoriamento Remoto) – INPE, 2016. p. 118. Disponível em: <http://urlib.net/8JMKD3MGP3W34P/3LAKPK>.

WERLE, D. *Radar Remote Sensing*: A Training Manual. Ottawa, Canada: Dendron Resources Survey; Canada Centre for Remote Sensing; GlobeSAR, 1988. p. 1-213.

WERNER, C.; WEGMULLER, U.; STROZZI, T.; WIESMANN, A. Interferometric Point Target Analysis for Deformation Mapping. In: IEEE INTERNATIONAL GEOSCIENCE AND REMOTE SENSING (IGARSS 2003). Proceedings... Toulouse (France), 2003. v. 7, p. 4362-4364.

WERNER, C.; WEGMULLER, U.; STROZZI, T.; WIESMANN, A. Precision of Local Offsets between Pairs of SAR SLCs and Detected SAR Images. In: INTERNATIONAL GEOSCIENCE AND REMOTE SENSING (IGARSS 2005). Proceedings... Seoul (Korea), 2005. v. 7, p. 4803-4805.

WILEY, C. *Pulsed Doppler Radar Method and Means*. US Patent n. 3.196.436, 1954.

WOODHOUSE, I. H. *Introduction to Microwave Remote Sensing*. Boca Raton, USA: Taylor & Francis, 2006. p. 1-370.

WMTF – WORLD MINING TAILINGS FAILURE BRUMADINHO. *Draft Report*. Disponível em: <https://worldminetailingsfailures.org/corrego-do-feijao-tailings-failure-1-25-2019/>. Acesso em: 14 mar. 2020.

ZEBKER, H. A.; GOLDSTEIN, R. Topographic Mapping from Interferometric SAR Observations. *Journal of Geophysical Research*, v. 91, n. B5, p. 4993-4999, 1986.

ZHOU, X.; CHANG, N. B.; LI, S. Applications of SAR Interferometry in Earth and Environmental Science Research. *Sensors*, v. 9, p. 1876-1912, 2009. DOI: 10.3390/s90301876.

ZISK, S. H. A New Earth-Based Radar Technique for the Measurement of Lunar Topography. *Science*, v. 4, p. 296-306, 1972.